引言

　　歡迎來到《香港生物百科圖繪》！這本書是一
部關於香港生物多樣性的精彩指南，旨在探索香港
的大自然寶藏。

　　香港是一個充滿驚喜和奇妙的地方，被蔚藍的
大海所環繞，同時又與山脈和郊野地區相鄰，這種
多樣性的地理特徵為香港賦予了生物的多樣性，成
為豐富的生態寶庫。三千年前，這裡曾經孕育著很
多你意想不到的物種，隨著城市急速發展的步伐，
雖然很多物種已漸漸滅絕，但亦有不少物種仍適應
轉變存活至現今，如歐亞水獺、小靈貓等等。現時

香港有超過五十種有所記錄的哺乳動物種，當中不乏稀有物種，《香港生物百科圖繪》會帶領你們深入探索這片土地上的生命奇蹟，為你一一介紹這個城市的另一面，從高山到海洋，山林到河流湖泊，你將發現香港生物的獨特之處和有趣故事。

　　《香港生物百科圖繪》將為你揭示這個城市的驚人之處，並帶給你對自然界的新鮮視角，和一些不為人知的小趣事。無論你是初次探索香港的生物多樣性，還是對這片土地已有所了解，希望這本書都能成為你的好夥伴。

CHAMO ｜ **梁煒鈞**

content

引言　2

八哥

baat3 go1

體型：
體長約 21 至 27 厘米，體重在 78 至 150 克之間。

特徵：
八哥的全身都帶有藍綠色金屬光澤的烏黑色，其額羽形狀似冠；下半身則為暗灰的黑色。其餘部分則由不同調性的黃色組成。

習性：
八哥喜歡結伴，有時會站在屋頂上排成一行。經常在耕地覓食，有時也可以看到牠們站在家畜的背上啄食寄生蟲。活潑好動，喜歡鳴叫，傍晚時不難聽見牠們非常吵鬧的聲音。

棲息地點：
主要生活在低山丘陵和山腳的平原地帶。棲息地主要為農田、牧場、果園和村寨附近的大樹上。分佈於中國、印度、泰國、越南等亞洲國家。

主食：
八哥的主食包括各種植物的種子、蔬菜莖葉、田螺、螻蛄等。

種羣現狀：
該物種分佈範圍廣泛，種羣數量趨勢穩定。

香港出沒位置：
分佈廣泛，在西貢或市區公園也可以看到牠們的身影。

威脅：
受到非法的鳥類貿易威脅，亦有因為其醫藥價值而被捕獵的情況。

鳥綱雀 形目椋 鳥科
Crested myna
學名：Acridotheres cristatellus

別名為鸚鴿、寒皋、鳳頭八哥、了哥，古時稱秦吉了。為留鳥。

關於八哥的二三事

語言天賦

八哥不但善於鳴叫，亦喜歡模仿其他鳥的叫聲，經過訓練的話，可以模仿人類說話。

名字的來源

八哥之所以得名，是因為我們從下面仰望其飛翔之姿，是一個八字形狀。

驚人的警覺性

談及聰明的動物，八哥算是其中之一！
牠們對周遭環境的變化非常敏感，善於觀察，很容易察覺微小的改變。

三線閉殼龜

saam1 sin3 bai3 hok3 gwai1

體型：
體長約 9 至 16 厘米，體重在 1 至 2 公斤之間。

特徵：
閉殼龜體型中等。背甲為棕褐色，有三條黑色縱向的隆起，邊緣多為黃色。
上顎微微向上彎曲，大眼睛。尾巴長而尖細。

習性：
三線閉殼龜喜歡羣居，白天通常隱藏在洞穴或水草繁茂的地方，高溫或受驚時會
潛入水底。喜歡在早晨和傍晚活動。

棲息地點：
通常棲息在溪流和小河旁邊，會挖掘洞穴作為窩巢。分佈於中國、老撾、越南。

主食：
三線閉殼龜是雜食性，以肉食為主，有時也會吃瓜果和蔬菜。

種羣現狀：
由於環境破壞及人類過度捕捉，野生的三線閉殼龜現在已變得非常罕見。

香港出沒位置：
在香港極為稀有，沒有固定出現地點。

威脅：
三線閉殼龜因其高經濟價值而成為大量捕捉的目標。

爬行綱 龜鱉目 地龜科
Chinese Three-striped Box Turtle
學名：Cuora trifasciata

又稱金錢龜、金頭龜，淡水龜。
其種加詞的「trifasciata」意為「三條線紋的」。

關於三線閉殼龜的二三事

閉殼技能

三線閉殼龜覺得危險時，會採取有趣的防衛方式，就是將頭、尾和四肢縮進殼裡，然後將腹甲的前後部分向上合攏以緊閉殼口，藉以保護自己。這亦是牠們被稱為「閉殼」龜的原因。

龜龜部落

由於三線閉殼龜喜歡聚居，所以在同一個洞穴裡通常會住上七八隻龜，形成小型的龜族社區。

富貴的象徵

三線閉殼龜色彩鮮豔，猶如一件藝術品。

其腹甲精美，有黑色或呈米字形胸盾，橘紅色的四肢和頸部燦爛奪目。人們將其稱為金錢龜，以象徵財富和身份，三線閉殼龜亦因而成為了觀賞市場上的熱門品種。

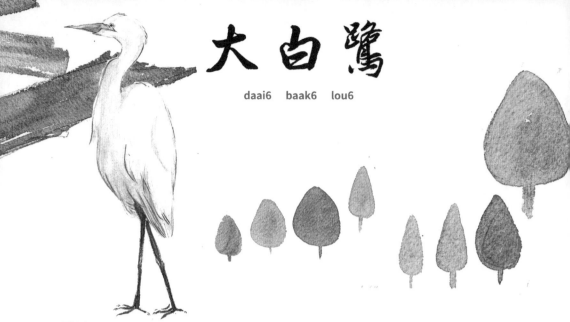

大白鷺

daai6　baak6　lou6

體型：
全體長 82 至 98 厘米，體重在 6 至 11 公斤之間。

特徵：
大白鷺是一種體型龐大的鷺類，有長長的頸部和腳部，全身皆為潔白色。

習性：
主要在淺水處覓食，也經常在水域附近的草地上邊走邊啄食；通常單隻或以小羣
活動，而在繁殖期間則可見到多達三百多隻的大羣；白天是牠們活動的時間。

棲息地點：
主要棲息在開闊的平原、山地、河口以及沼澤地帶。分佈於非洲、歐洲等温帶地
區。

主食：
以甲殼類、軟體動物、昆蟲，以及魚類、蛙類、蝌蚪和蜥蜴等動物類為主要食物。

種羣現狀：
1992 年曾計算過整個亞洲總共有 26549 隻。

香港出沒位置：
屬於香港常見品種，會在青衣公園等地區出現。

鳥綱 鵜形目 鷺科
Great egret
學名：Ardea alba

別名為白鷺鷥、鷺鷥、風漂公子、
白漂鳥、冬莊。
大部份為候鳥。

關於大白鷺的二三事

貨幣的象徵

大白鷺的圖像除了出現在巴西 5 雷亞爾
的鈔票背面上，在新西蘭的兩元硬幣上
也能找到。

遷徙之旅

大白鷺無固定習性，有些是夏候鳥，
有些則為旅鳥或冬候鳥。

牠們通常會在 3 月底至 4 月中旬移居
到北部繁殖地，而在 10 月初開始就會
遷離繁殖地到南方越冬。這些鳥類在
遷徙時，以小羣或家族羣作為同行，
並會呈現斜線或一定角度的遷徙飛行。

小記

作者曾經在青衣公園寫生期間看到一隻
大白鷺在湖邊休息並記錄了下來。

大彈塗魚

daai6　daan6　tou4　jyu4

體型：
體長約 6 至 10 厘米。

特徵：
大彈塗魚頭部大，帶有兩個感覺管孔。眼睛小，每側有兩個鼻孔。口很大，唇部較厚，舌頭很大，呈圓形。身體表皮很厚，胸鰭尖圓。身體背側為青褐色，背鰭為深藍色，且帶有不規則的白色小點。

習性：
大彈塗魚具有穴居習性，故喜歡鑽洞穴，每個洞穴通常都有兩個以上的洞口。對惡劣環境的水質忍受力比一般魚類強。是能夠在水面、沙灘和岩石上利用胸鰭和尾鰭爬行或跳躍的魚類。

棲息地點：
一般生活在低潮區或半鹹水的河口灘塗，習慣棲息於爛泥底質。廣泛分佈於中國、朝鮮、日本南部、印尼、波里尼西亞、澳洲、印度和美洲沿岸的潮間帶區域。

主食：
大彈塗魚以灘塗上的底棲藻類、小昆蟲等小型生物為食，屬雜食性魚類。

種羣現狀：
為經濟性食用魚，因此目前被大量進行人工繁殖。

香港出沒位置：
濕地公園紅樹林浮橋兩旁常見的彈塗魚品種。

條鰭魚綱 鰕虎目 背眼鰕虎魚科
Great Blue Spotted Mudskipper
學名：Boleophthalmus pectinirostris

俗名花跳、花魚、星點彈塗魚。被選為世界自然基金會的海洋十寶之一。

關於大彈塗魚的二三事

珍饈小巧

大彈塗魚雖然體型細小，但其肉質鮮美細嫩，亦含豐富營養價值，其身體所含有的十六種常見氨基酸，其中八種是人體所必需的。故牠們其實是極具營養價值的美食之一！

地上魚

大彈塗魚是可以利用內鰓腔、皮膚和尾部作為呼吸輔助器官的水生生物。只要身體保持濕潤，就能長時間在水面上停留。

泥地格鬥

彈塗魚之間也會打架！豎起如恐龍般的背鰭，以胸鰭撐高身體，張開帶有許多小細齒的嘴以試圖嚇跑對方，如果對方沒有被嚇倒便會發動攻擊，比如直接撞向對方或是作勢咬對方身體。兩隻雄魚會在泥地上扭打、翻滾，激烈的肉搏戰會進行直至其中一方敗下陣來。

大壁虎

daai6　bik1　fu2

體型：
體長約 12 至 30 厘米，尾長約 10 至 14 厘米，體重在 50 至 100 克之間。

特徵：
大壁虎是最大的壁虎之一，全長可達 30 厘米，背面為磚灰色且有橘黃色和藍灰色斑點，尾部則有深淺相間的環紋，腹面為灰白色並帶有粉紅色斑點。

習性：
聽力強，但白天視力差，怕強光刺激，故瞳孔經常閉合成縫。夜間覓食時，瞳孔會擴大四倍左右，視力會增強。舌頭靈巧，偶爾會用於舔掉眼睛上的灰塵。

棲息地點：
大壁虎主要棲息在荒野、石洞、岩石縫隙或樹洞裡，有時也會在人類的住宅屋簷和牆壁附近活動。主要分佈於亞洲東南部、南部。

主食：
牠們以各類昆蟲為主要食物，包括螻蛄、蚱蜢、飛蛾等。

種羣現狀：
全球數量趨勢未知，但受到干擾和捕抓壓力的影響。

香港出沒位置：
罕見，沒有固定出現地點。

爬蟲綱 有鱗目 壁虎科
Tokay gecko
學名：Gekko gecko

又名大守宮、蛤蚧、蛤蚧蛇等。

關於大壁虎的二三事

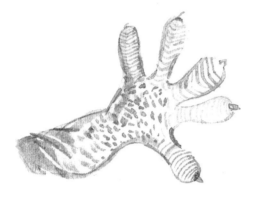

神奇腳掌
大壁虎的腳掌並非吸盤，而是一排排像小鈎子的微絨毛佈滿在腳掌和腳趾下的鱗片上，使其能輕易抓住物體，而微絨毛頂的端腺體亦可以提高牠的吸附力的分泌物。

尾巴再生術
大壁虎尾部肌肉可以進行強力收縮，以讓尾椎骨在關節面處斷裂。斷尾後，傷口會逐漸癒合並慢慢再生出一條更短更粗的新尾巴。所以大壁虎只有在迫不得已的情況下才會以斷尾法來轉移敵人的注意力。

小記
曾經一次在前往荔枝窩的路上看見一隻超大的壁虎，是真的超巨型的⋯⋯

小白鷺

siu2　baak6　lou6

體型：
成鳥全長 52 至 68 厘米，體重在 350 至 540 克之間。

特徵：
小白鷺為較中型的鷺科，全身白色，頸部特別長。外觀會隨季節和生命階段變化。

習性：
牠們喜歡在水邊地區羣體活動，啄食水中的動物。晚上會棲息在高大樹木的頂部或庭園樹林。

棲息地點：
喜歡棲息在濕地，並成散羣活動。分佈於非洲、歐洲、亞洲及大洋洲，在台灣也很常見。

主食：
主要以各種的小型魚類為食，也吃蝦、蟹、蝌蚪和水生昆蟲等動物，會少量吃穀物等植物性食物。

種羣現狀：
小白鷺的數量近年來已顯著下降。

香港出沒位置：
香港濕地公園、大埔滘等。

威脅：
因濕地縮減、農業排水、污染以及禽流感的影響而受到威脅。

鳥綱 鸛形目 鷺科
Little egret
學名：Egretta garzetta

又名白鷺。

關於小白鷺的二三事

白鷺變身術
繁殖期期間，小白鷺會變成紅色眼睛，其頭部後方也會長出兩條長達 21.5 厘米的裝飾羽毛，背部還會有 13 至 49 根上翹的蓑羽。

翩翩起舞
在古代中國的《毛詩 · 周頌》中，詩人就用「振鷺於飛，於彼西雍」來形容小白鷺飛翔時的氣勢不凡。

舊地情結
小白鷺喜歡在同一區域活動，甚至是在同一枯枝或樹幹上停留。如果停歇的區域是陌生的，牠們會感到不安和緊張，會四處東張西望，無法安心休息。

小家鼠

siu2　gaa1　syu2

體型：
體長約 6 至 9 厘米，體重在 12 至 30 克之間。

特徵：
小家鼠體型小巧，尾巴稍短於身長，耳朵短小。有五對乳頭，三對胸部，兩對鼠蹊部。小家鼠最主要的特徵是上頜門齒內側有一個明顯的缺損。

習性：
小家鼠在晨昏時份最為活躍。秋天會在成熟的農田出現。

棲息地點：
只要是有人居住的地方，都有小家鼠的蹤跡。分佈於全世界。

主食：
小家鼠是雜食性的，以植物性的食物為主，最喜歡的食物是各種穀物和種子。

香港出沒位置：
主要在室內及農田環境出沒，是最常見的鼠種之一。

威脅：
天敵極多，包括大部份的猛禽、大部份的蛇類、大型蛙類如牛蛙、家貓、狐狸、豬等等。人類亦會使用各種滅鼠方法將其數量減少。

哺乳綱 齧齒目 鼠科
House mouse
學名：Mus musculus

也稱為家鼠、鼷鼠或小鼠。

關於小家鼠的二三事

兄弟們，上啊！

小家鼠社會

小家鼠是羣居的，雄性領袖會在自己的領土內與多位雌性組成家庭，並與牠們的後代一起生活，有時雄性之間也會有爭奪領地的情況。

在一個小家鼠家族中，有時也會發生爭鬥，但是有外界的入侵者的話，牠們會團結一致抵禦的！

疾病研究中的得力助手

小家鼠是全球分佈廣泛的一種重要生物，因其生理、解剖、代謝和免疫系統與人類相似，而生殖力也強，因此，小家鼠是研究人類疾病和藥物療效的理想模式生物。

黑名單

小家鼠被國際自然保護聯盟物種存續委員會的入侵物種專家小組列為世界百大外來入侵物種之一。因為牠們常常會啃食農作物，並且身上也會帶著病原體將疾病傳播開去。

小葵花鳳頭鸚鵡

siu2　kwai4　faa1　fung6　tau4　jing1　mou5

體型：
體長約 35 至 50 厘米，體重在 800 至 975 克之間。

特徵：
中型白色鸚鵡，頭上有黃色羽冠；耳羽、喉部羽毛、臉頰為淺黃色；腳呈灰色；喙為黑色。其羽冠的顏色因產地不同也會有所不同。壽命可達 50 年。

習性：
小葵花鳳頭鸚鵡停下來的時候，會不斷鳴叫，其鳳頭也會不斷地起落。通常以成對或 3 至 9 隻左右的數量一起覓食與活動，有時也會聚集在有果實的樹上或與折衷鸚鵡（Eclectus roratus）一起覓食。

棲息地點：
棲息地方主要包括森林、廣闊的林地、農地等。分佈在澳洲、印尼、紐西蘭、新加坡及香港。

主食：
天然食物包括種子、水果、穀物等。

種羣現狀：
小葵花鳳頭鸚鵡的數量在野外已大幅減少。
列入《世界自然保護聯盟》（IUCN）2012 年瀕危物種紅色名錄 ver3.1——極危（CR）。

香港出沒位置：
在香港的出沒地點包括香港島的森林和林地邊緣，以及中西區城市公園。

威脅：
除了棲息地被破壞導致數量減少，亦會被捕捉給販售到寵物鳥市場。

鳥綱 鸚形目 鸚鵡科
Yellow-crested cockatoo
學名：Cacatua sulphurea

又稱小巴丹鸚鵡、小巴。
目前為一級保育類。
候鳥。

關於小葵花鳳頭鸚鵡的二三事

辮子冠羽

小葵花鳳頭鸚鵡的羽冠展開時會呈現出一個美麗的扇形，引人注目。在不打開羽冠的情況下，就會形成一個微翹的「辮子」。

噪音狂歡

小葵花鳳頭鸚鵡聚集在一起時，會發出各種各樣的聲音，非常吵鬧。

動物行為學者康拉德‧勞侖茲在他的著作《所羅門王的指環》裡形容葵花鸚鵡的叫聲像「用擴音機放大幾倍的殺豬聲」，感覺很可怕呢！

舞王基因

小葵花鳳頭鸚鵡喜歡跟隨音樂節奏來回擺動。而當小葵花鳳頭鸚鵡跳舞時，牠們也非常喜歡用力甩頭，使用牠們的「頭冠」來表達情感和情緒。

21

小靈貓

siu2　ling4　maau1

體型：
體長 48 至 58 厘米，尾長約 33
至 41 厘米，體重在 2 至 4 公
斤之間。

特徵：
小靈貓略大於家貓，吻
部比較尖突，其耳
朵短而圓，眼睛
小。身上有頸紋
和背紋，尾巴為
白褐色相間的環狀，尾
尖多為灰白色。

習性：
獨居的夜行動物，日間躲在巢穴中休息。牠們行動迅速、機敏，善於爬樹和游泳。
膽小怕事，總是小心翼翼地行動。

棲息地點：
小靈貓喜歡住在清幽和乾爽整潔的地方，例如樹洞、石洞，甚至是墓室。主要分
佈在中國、越南、泰國等地的低山森林、闊葉林中。

主食：
小靈貓為雜食性動物，以動物為主、植物性食物為輔食。牠們會捕食老鼠、小鳥、
蛇類等動物，也會食用野果、樹根、種子等植物。

種羣現狀：
目前該物種的種羣趨勢穩定，並沒有出現明顯下降的情況。

香港出沒位置：
不常見，曾經在嘉道理農場和濕地公園發現過。

威脅：
小靈貓是食材和貴重的香料，因其可以入藥，故被過度補殺，每年捕獵的數量都
超過種羣生長數目。

哺乳綱 食肉目 靈貓科
Small Indian civet
學名：Viverricula indica

俗稱七間狸、烏腳狸、箭貓。
種名中的「indica」意為「印度的」。

關於小靈貓的二三事

吸引異性秘笈
小靈貓外出活動時，總是會將香囊中的分泌物塗擦在樹幹、石壁等物件上，不但是為了標記自己領地，也是為了吸引異性靈貓的注意。

臭不可擋
當小靈貓遇到威脅時，會從肛門腺分泌出黃色而奇臭的分泌物，讓威脅者感到不適，從而達到自衛的效果。

動物的氣味魔法
人類無法像小靈貓一樣分泌出特殊氣味，因此創造了「香水」。

反之，有些動物可以產生特殊氣味，故人會從牠們的腺體或分泌物中提取成分以用作為香水的原料。

位於麝鹿、河狸和海豚消化道中的龍涎香也是香水的傳統成分之一，而小靈貓的腺體也是人類香水的其中一種用料呢！

中國水龍

zung1 gwok3 seoi2 lung4

體型：
體長約 20 厘米，尾長約 50 厘米。

特徵：
中國水龍體色多為橄欖棕色、灰色或淺棕黑色，身上帶有斑點和縱紋。頭部較小，身體扁，背鱗小且有起棱紋路，喉部呈橢圓形。

習性：
中國水龍能夠奔跑和游泳，並且能在沙土洞穴中穴居。在冬季，牠們會冬眠，室溫控制在 15℃以上。

棲息地點：
棲息於有林木、有岩石的河流或沙地等地。牠們會選擇老樹、大樹的樹幹、河邊的石縫中間等地方作為棲所。分佈於柬埔寨、中國、老撾、泰國、越南。

主食：
中國水龍以昆蟲、螺、蝸牛、小魚、小蝦為食。喜歡食動物性的飼料，植物性飼則偶爾進食。

種羣現狀：
列入《中國瀕危動物紅皮書》——瀕危（EN）。

香港出沒位置：
並不常見，曾經在香港仔郊野公園發現過。

爬行綱 蜥蜴目 鬣蜥科　　　　　　又叫長鬣蜥。
Chinese water dragon
學名：Physignathus cocincinus

關於中國水龍的二三事

身體中的藝術品

中國水龍的體色會隨著環境改變而產生變化。一般而言，牠們的頭、軀幹、尾前部和四肢背面都是暗綠色，尾後部則為黃綠色，體腹面則呈現近土紅色的顏色。

產卵規律

中國水龍通常在黃昏 17:00 至 19:00 或中午產卵，過程一次約 10 至 30 分鐘。產卵完結後，會挖掘產卵窩並蓋上泥土，整個過程則有可能持續一個小時左右。

雌性的中國水龍會於產卵後守在卵窩旁默默守護。

粗暴的愛情攻略

中國水龍於發情期時，雄性會追逐雌性，展開其浪漫的求愛之旅。

雄性會趁著雌蜥專注進食時慢慢接近，雌蜥發現後會立即逃跑。然而，雄性會鍥而不捨地追上，並咬住雌蜥的一側以展開其浪漫的交配之舞。

中華白海豚

zung1　waa4　baak6　hoi2　tyun4

體型：
體長約 2 至 2.7 米，體重在 200 至 250 公斤之間。

特徵：
中華白海豚的喙部突出且狹長；背鰭小，後傾，呈三角形；尾鰭會以水平分成左右對稱的兩邊；眼睛周圍會聚集黑斑，形成「熊貓眼」。

習性：
中華白海豚喜歡在靠近沙灘的海域中聚集，通常在晨昏時份最活躍，會在潮漲時覓食。一般會以三到五隻為羣或獨自活動。中華白海豚性情活潑，喜歡在風和日麗的天氣下在水面上跳躍嬉戲，其游泳速度非常快，可達每小時十二海里以上。

棲息地點：
中華白海豚喜歡棲息在溫暖的亞熱帶海區。主要分佈在孟加拉、中國、印度等地。

主食：
中華白海豚是一種食肉性動物，主要以河口鹹淡水交匯水域的魚類和頭足類為食。捕食的魚類種類繁多。

種羣現狀：
在香港海域，2013 年的監測顯示有八十多隻中華白海豚，惟該亞種羣數量一直在持續下降。

香港出沒位置：
主要出沒於屯門及大嶼山對出的一帶水域，包括沙洲、龍鼓洲、望后石等水域。

哺乳綱 偶蹄目 海豚科
Indo-Pacific humpback dolphin
學名：Sousa chinensis

通稱為白海豚，台灣俗稱為媽祖魚。
國家一級保護動物，素有「水上大
熊貓」之稱。

關於中華白海豚的二三事

大胃王

中華白海豚其實是大胃王！一隻中華白
海豚胃中食物的重量可達 7 公斤以上呢！

定位系統

由於中華白海豚的視力較差，故其會使用回
聲定位系統來找尋物體的位置和方向。

這個系統是由一個氣囊和一個特殊的器官
所組成的。

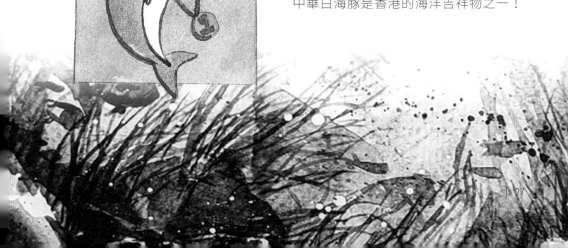

香港的吉祥物

中華白海豚是香港的海洋吉祥物之一！

中華穿山甲

zung1　waa4　cyun1　saan1　gaap3

體型：
全長 42 至 92 厘米，尾長約 28 至 35 厘米，體重在 2 至 7 公斤之間。

特徵：
中華穿山甲全身長有瓦狀鱗甲，呈棕褐色，吻部細長，腦顱較大呈圓錐形，眼睛細小，四肢粗短，尾巴較扁而長，前肢每隻有三隻又長又彎的爪，主要用於挖掘洞穴。

習性：
中華穿山甲性格膽小，喜歡熱帶氣候，白天躲在洞穴中休息，等到晚間才覓食。由於牠們的視覺能力已經退化，主要靠敏銳的嗅覺感知周遭環境。

棲息地點：
中華穿山甲生活在濕度較高的森林地區、草地和山區等，亦喜歡棲息在洞穴中。主要分佈於中國大陸、台灣、不丹等國。

主食：
主要食物為白蟻、蟻、蜜蜂或其他昆蟲。

出沒位置：
非常罕見，沒有固定出沒位置。遇上的話表示你運氣也不錯！

哺乳綱 鱗甲目 穿山甲科
Chinese Pangolin
學名：Manis pentadactyla

又稱鯪鯉、穿山甲或中國穿山甲，
是八種穿山甲之一。

關於中華穿山甲的二三事

甲球變身
中華穿山甲在受到威脅時，會捲成一個球狀，展示出堅固的鱗片盾牌，用前腿護住頭部，最後蜷縮成球狀，只露出鱗片。

挑吃的美食家
中華穿山甲是一種挑嘴的動物，每隻都有自己獨特的口味，只會挑食自己最愛的一兩種昆蟲，非常挑剔。

蟲子專家
穿山甲吃昆蟲的技巧簡單：挖開蟲的洞穴，用靈活的舌頭輕鬆地舔出蟲子。身上的堅硬甲片可以防止蟲子爬進去，小眼睛和厚眼瞼也有保護作用。

中華攀雀

zung1　waa4　paan1　zoek3

體型：
體長約 10 至 11 厘米，體重在 7.5 至 11 克之間。

特徵：
雄性中華攀雀有黑色前額和灰色頭頂，寬闊的黑色斑紋看起來像眼罩。斑紋上下方都有白色細紋，虹膜為暗褐色，上嘴為黑褐色，下嘴為灰色，腳為鉛灰黑色。

習性：
中華攀雀在繁殖期間通常單獨或成對活動，但在其他季節常常成羣活動。牠們性格活潑，行動敏捷，喜歡在樹叢間飛來飛去，在枝間跳躍，有時也會倒懸在枝端盪來盪去。

棲息地點：
中華攀雀主要生活在平原和半荒漠地區的疏林裡。
分佈於中國、日本、朝鮮民主主義人民共和國、韓國、俄羅斯。

主食：
中華攀雀主要以昆蟲為食。在冬季，牠們則轉食雜草種子、漿果和植物嫩芽。

種羣現狀：
該生物的分佈範圍廣泛，且未接近瀕危的標準。

香港出沒位置：
越來越常見，於市區公園和香港濕地公園等地出沒。

鳥綱 雀形目 攀雀科
Chinese penduline tit
學名：Remiz consobrinus

俗名洋紅兒。
為候鳥。

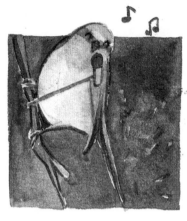

中華攀雀的交響曲

牠們的鳴聲細小而單調，其中叫聲包括柔細而動人「嘶～」
的哨音，以及一連串快速的「簫～」聲等，類似雀鳥的鳴聲。

建築大師

中華攀雀的鳥巢不同於大多數鳥類的鳥巢，
而是一個淺灰色的毛絨「靴子」，不需要任
何支撐點，凌空繫在樹梢頭。鳥巢主要用樹
皮、楊絮和柳絮等當地材料，將銜著的絲線
在樹枝上纏繞建造。

反嘴鷸

faan2　zeoi2　leot6

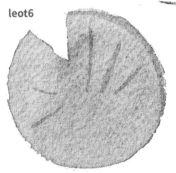

體型：
體長約 42.9 至 44.4 厘米，體重在 275 至
395 克之間。

特徵：
反嘴鷸頭部有黑色帽狀斑，身體背部、腰
部、尾上覆羽及下身也為白色，翅膀飛羽
為黑色，尾巴為白色。眼睛虹膜為褐色或
紅褐色，嘴黑色，細長，向上翹，腳多為
藍灰色。

習性：
反嘴鷸通常單獨或成對活動，但在棲息時喜歡成羣結隊，尤其在越冬和遷徙季
節，有時數量可達數萬隻。

棲息地點：
反嘴鷸喜歡在平原和半荒漠地區的湖泊、水塘和沼澤地帶棲息。分佈於歐洲、中
東、中亞等地區。牠們會前往非洲、印度和緬甸等南亞和東南亞地區越冬。

主食：
主要以小型無脊椎動物為食，如小型甲殼類、水生昆蟲、昆蟲幼蟲、蠕
蟲和軟體動物等。

種羣現狀：
該生物的分佈範圍廣泛，且未接近瀕危的標準。

香港出沒位置：
冬季常見於香港濕地公園。

鳥綱 雀形目 噪鶥科
Pied avocet
學名：：Recurvirostra avosetta

又稱反嘴鴴、反嘴長腳鷸。
候鳥。

關於反嘴鷸的二三事

勺子嘴

反嘴鷸的嘴巴特別長且上翹，像是一把反過來的勺子，常在泥巴表面來回掃動，甚至可以邊游泳邊覓食。

驅逐入侵者

當反嘴鷸在孵卵期間遭遇到入侵者時，牠們會飛到入侵者的頭頂上空，不斷鳴叫，直到入侵者離開。

警告
WARNING

孔雀花鱂

hung2　zeok3　faa1　zoeng1

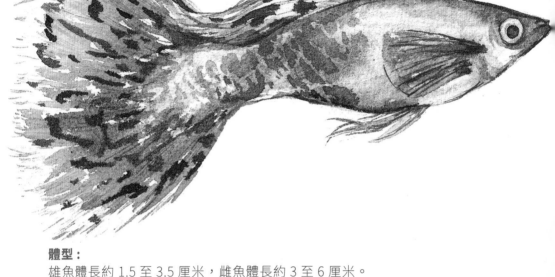

體型：
雄魚體長約 1.5 至 3.5 厘米，雌魚體長約 3 至 6 厘米。

特徵：
孔雀魚是熱帶魚之一，身體修長，後部扁平，尾巴漂亮，雌雄魚色彩差異大。孔雀魚身體和背鰭、尾鰭的顏色五彩繽紛，包括紅色、藍色、黑色、黃色和雜色等。

習性：
孔雀魚適應力強，生長溫度在 22 至 24℃ 之間，喜歡微鹼性水質。牠們的食性廣泛，性情溫和、好動，與其他熱帶魚混養適宜。

棲息地點：
其野生棲地呈現多樣化，主要棲息於淡水流域及湖沼。原產於南美洲的委內瑞拉、圭亞那、西印度羣島、巴西北部等地。

主食：
主食為藻類、蝦蟹、貝殼等食物。

香港出沒位置：
常見於淡水流域。

條鰭魚綱 鱂形目 花鱂科
Guppy
學名：Poecilia reticulata

又名孔雀魚，也稱為鳳尾魚、彩虹花鱂、虹鱂、古比魚。

關於孔雀花鱂的二三事

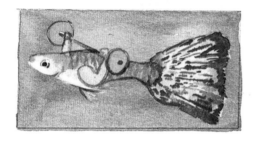

強大適應力
孔雀魚的繁殖能力相當驚人，而且牠們也能夠適應污染嚴重的水域。

豔麗多彩
孔雀魚身上的色彩來自蝦青素，蝦青素無法被動物自身合成，必須透過食物獲得。

外美內佳
孔雀魚因其美麗的外表和可愛的性格而受人喜愛。牠們與其他非攻擊性的魚類相處得很好，不會發生爭鬥，並且不挑食，非常容易飼養。

水牛

seoi2 ngau4

體型：
體格粗壯，毛量稀疏；身長約 250 至 300 厘米，肩高 150 至 180 厘米，尾長則為 70 至 110 厘米；家養水牛的體重於 250 至 550 公斤之間，野生水牛則在 800 至 1200 公斤之間。

特徵：
顏色多為灰黑色；角粗而扁，並向後彎曲；耳廓較短小，頭額較長；四肢較短但蹄大，而且質地堅實，故適合耕作；背部向後下方傾斜；尾巴比較長，尖端毛髮濃密。

習性：
性情溫順易管理。較熱的時候會於覆蓋物、樹蔭下休息，或會浸在水中，只露出鼻孔和眼睛。

棲息地點：
大部份時間於較低海拔的濕地棲息。

主食：
反芻動物，主要以草作為主食，包括水生植物、葉子、農作物和在河流中的植物。分佈於不丹、柬埔寨、印度等地方。

香港出沒位置：
大嶼山、水口和貝澳。

哺乳綱 偶蹄目 牛科
Water Buffalo
學名：Bubalus bubalis

亦名為亞洲水牛，古名「牨」，大型的偶蹄動物，由於以前農業社會需要馴養的水牛作為耕牛，故在香港地區十分普遍。

關於水牛的二三事

名字的由來

由於水牛汗腺亦不發達，皮厚而不利於散熱，所以會對炎熱的天氣特別敏感。為了降低體溫，牠們會在泥中打滾或在水中浸泡來散熱，亦因此而得名為水牛。

有你有我

在大嶼山，常常可以看到成羣的水牛在沼澤中漫步，而跟隨在牠們身旁的牛背鷺也是常客。牛背鷺會進食水牛擾動時掘出的泥土昆蟲。

小記

幾年前一次前往大澳寫生的大學課堂，除了讓我愛上了寫生之外，該次也第一次親眼看到水牛！超巨型的！

水雉

seoi2　zi6

體型：
體長約 31 至 58 厘米，尾長約 19 至 37 厘米，體重在 190 至 250 克之間。

特徵：
水雉是一種體型較大、外觀繽紛的鳥類。牠們的頭部和頸部前端為白色，而頸部後端則有一片金黃色羽毛。牠們的身體呈棕褐色，翅膀是白色。

習性：
水雉是活潑好動的鳥類，喜歡游泳和潛水。通常獨自或成小羣活動，有時也會組成大羣。步履輕盈，能在水面上奔走停息。水雉的鳴叫聲像貓咪的「喵喵」聲。

棲息地點：
棲息在有大量挺水植物和漂浮植物的淡水湖泊、池塘和沼澤地帶。分佈於中國南方、南亞次大陸及東南亞等地區。

主食：
主要以小型無脊椎動物如昆蟲、蝦、軟體動物、甲殼類等為食，同時也會攝取水生植物。

種羣現狀：
水雉在中國的分佈範圍逐漸縮小，目前在中國的數量十分稀少。過去水雉曾在台灣廣泛分佈，但現在僅餘不足百隻。

香港出沒位置：
不常見，通常可以在米埔自然保護區和香港濕地公園等地遇到。

鳥綱 鴴形目 水雉科
Pheasant-tailed jacana
學名：Hydrophasianus chirurgus

又名雉尾水雉，俗稱菱角鳥。在台南市官田一帶是水雉最大與最主要的棲息地，故被選為該市市鳥。多為留鳥。

關於水雉的二三事

淡水湖仙子
水雉細長的腳爪使牠們能夠輕盈地行走在睡蓮、荷花、菱角和芡實等浮葉植物上。水雉的體態優美，羽色也非常豔麗，因此常被人們譽為「凌波仙子」。

水雉換羽
水雉在繁殖季節時會換上黑白相間的繁殖羽。牠們會一次性脫落所有飛羽，必須等待新羽長出後才能恢復飛行能力。

繁殖季節的女王
水雉在繁殖季節時會展開打鬥，以佔領交配領地。勝利者將成為領地的主人，並吸引雄鳥前來求偶。管理巢穴、孵卵和養育幼鳥的責任由雄鳥承擔，而「女王」則負責保衛領地和產卵。

平胸龜

ping4　hung1　gwai1

體型：
體長約 8 至 17.4 厘米，體重在 250 至 300 克之間。

特徵：
平胸龜的頭部大，呈三角形，有硬殼和喙鈎，眼睛偏大，頭無法縮入甲內。背甲棕褐色；腹甲則呈橄欖色。四肢灰色，後肢比前肢長。

習性：
平胸龜通常在夜間活動，能攀爬石壁和樹木，而白天多潛伏在水池中。冬眠期為每年 11 月左右至翌年水溫上升到 15℃ 左右。居住在有水流的石洞中。

棲息地點：
多棲息在山區潤澤清澈的溪流中，但也會在沼澤、水潭、河邊和田邊。分佈於中國、泰國、越南等地。

主食：
主要食蝸牛、蚯蚓、小魚、螺類、蝦類、蛙類等。

種羣現狀：
平胸龜缺乏保護，故很罕見。

香港出沒位置：
非常罕見，出現於新界及部份離島。

爬蟲綱 龜鱉目 平胸龜科
Big-headed turtle
學名：Platysternon megacephalum

又名大頭龜，別名鷹嘴龜、三不像、鸚鵡龜等。

關於平胸龜的二三事

水中食家

平胸龜喜歡在水中享用美食，利用強壯的上下頜和有力的前爪，將食物撕成小塊，然後靠著前爪的幫助將食物吞嚥。

意想不到的速度

別以為所有龜的爬行速度都慢，平胸龜的腿和爪都很長，可以快速爬行，每分鐘可達 7 到 8 米的速度。而且牠們的游泳能力也很強，當牠們在水面游泳時，尾巴會翹起，四肢划動，游動自如。

龜中最惡

平胸龜是中國淡水龜中最兇猛的品種之一。當受到威脅時，平胸龜會瞪大雙眼，嘶嘶作響，張開嘴巴準備咬人，被捕獲後會用爪、嘴巴和尾巴來拚命反抗。

汀角攀樹蟹

ting1　gok3　paan1　syu6　haai5

體型：
體長約 0.8 至 0.9 厘米。

特徵：
汀角攀樹蟹身體扁平，呈深棕色，並帶有淡棕色的斑紋。牠們的甲殼為方形，有幼長的足部。螯部為橙色，雄性蟹的螯較為粗大，雌性則較幼小。

習性：
汀角攀樹蟹喜歡攀樹，生活在秋茄樹上。

棲息地點：
棲息於紅樹林的樹枝和冠層。只分佈於香港。

主食：
主要吃微生物。

種羣現狀：
整體數量至今仍難以估計。

香港出沒位置：
出沒於大埔、馬鞍山及吐露港海岸。

軟甲綱 十足目 相手蟹科
Haberma tingkok
學名：Haberma tingkok

2016 年於大埔汀角紅樹林被發現。

關於汀角攀樹蟹的二三事

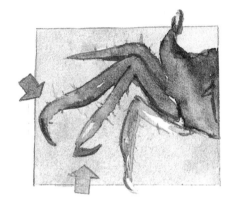

愛情鈎

雄性汀角攀樹蟹的第二和第三對步
行足上長了個獨特的鈎狀結構，用
以繁殖時抓住雌性蟹。

樹上螃蟹

汀角攀樹蟹是極少數能夠攀樹的
螃蟹物種之一，屬於亞熱帶氣候
生活的樹棲蟹種。他們的攀樹行
為進化途徑暫時未知，研究人員
猜測可能是為了避開敵人及覓食。

白腹秧雞

baak6　fuk1　joeng1　gai1

體型：
體長約 28 至 35 厘米，體重在 175 至 260 克之間。

特徵：
白腹秧雞是中型涉禽，上半身暗石板灰，下半身白色，黑白對比
明顯。

習性：
白腹秧雞通常單獨或成對活動，有時也會形成小羣體。主要在清
晨、黃昏和夜間活動，白天躲藏在蘆叢或草叢中。行動輕
快靈活，會游泳，但不擅長飛行。行走時頭頸前後伸
縮，尾巴上下擺動。

棲息地點：
棲息在亞洲南部的沼澤、池塘、溝渠和河岸等地。分佈範圍從印度、斯里蘭卡一
直延伸到中國南部和印度尼西亞。

主食：
為雜食性，食物包括昆蟲、軟體動物、蜘蛛、小魚、草籽和水生植物的嫩莖和根
等等。

種羣現狀：
該生物的分佈範圍廣泛，且未接近瀕危的標準。

香港出沒位置：
非常容易遇見，市區公園如沙田公園和香港濕地公園等地皆有出沒。

鳥綱 鶴形目 秧雞科
White-breasted waterhen
學名：Amaurornis phoenicurus

又名白胸苦惡鳥、補鑊鳥。
部份為留鳥，部份為夏候鳥。

關於白腹秧雞的二三事

白腹秧雞的短暫飛行

當迫不得已時，白腹秧雞能夠飛行約數十米的距離回到草叢中，其飛行時動作非常笨拙。

單調的音樂會

白腹秧雞在發情期和繁殖期時，常常通宵鳴叫，鳴聲如同普通話的「苦惡、苦惡」，聲音清晰而響亮。

性格大反轉

白腹秧雞平時非常低調害羞，一旦有風吹草動，就會立刻跑回草叢中躲起來。

相反在繁殖季節裡，白腹秧雞會變得熱情洋溢，在稻田和草叢中發出愛戀的歌聲。

江豚

gong1 tyun4

體型：
體長約 1.2 至 1.8 米，體重在 30 至 45 公斤之間。

特徵：
江豚的皮膚顏色隨年齡增長逐漸變深，成年後呈現灰黑色。牠們的頭部呈圓鈍形，眼睛較小，牙齒細小。江豚背部沒有鰭，但有數行顆粒狀的突起物。

習性：
江豚喜歡單獨或成對活動，羣數不超過四至五隻。會發出兩種聲音信號，一種是高頻脈衝，用於探測環境和捕食，另一種是低頻連續信號，有些像鳥鳴。對水溫的適應範圍很廣，能夠在 4 至 20℃ 的水溫中正常生活。

棲息地點：
淡水海豚，生活在中國長江中下游及毗連湖泊中。分佈在長江幹流和洞庭、鄱陽兩大湖泊中。

主食：
主要食物包括青鱗魚、鰻魚、鱸魚等各種魚類，還有蝦、魷魚等。

種羣現狀：
根據農業農村部的報告，2022 年長江江豚的數量是 1249 頭。

香港出沒位置：
南大嶼山西面及南丫島一帶水域。

哺乳綱 偶蹄目 海豚科
Yangtze Finless Porpoise
學名：Neophocaena asiaeorientalis

又稱長江江豚、江豬、黑鼠海豚、黑露脊鼠海豚等，是產自長江中下游水系的小型淡水鯨。2021 年，江豚由國家二級保護野生動物升為國家一級。

關於江豚的二三事

江豚的個性

江豚性情活潑，牠們經常在水中上游下竄，身體翻滾、跳躍、點頭、噴水、突然轉向，非常具有表演性。

吐水技能

當江豚露出水面時，會表現出有趣的吐水動作。有時牠會把水噴到 60 至 70 厘米遠的地方。

拜風

即將迎來大風天氣時，因為氣壓下降，江豚需要增加呼吸頻率，以獲得足夠的氧氣。

牠會露出頭部在水面，並將頭部朝向風向，進行一種有趣的「頂風出水」行為。

灰麝鼩

fui1 se6 keoi4

體型：
體長 6.5 至 8 厘米，尾長約 5 厘米，體重在 6 至 12 克之間。

特徵：
麝鼩屬中體型最大的品種，有短硬的吻和靈巧的五趾爪。尾巴略短於身體，身上有稀疏長毛。背部和腹部毛色為深灰色和淡灰色，尾巴的毛呈現全灰色。在冬季，毛色會變淡成銀灰色。

習性：
灰麝鼩是夜行性動物，不需要冬眠，非常善於游泳。夏季時，會在田地的坑穴中稻草或麥稈簡單築巢。到了秋冬，牠們會用各種植物堆成為理想的棲息地。

棲息地點：
主要棲息在熱帶和亞熱帶田野。分佈於緬甸、印度、不丹、原錫金、中國。

主食：
灰麝鼩主要以蚯蚓、蠕蟲及其他昆蟲為食，亦會食農作物的種子，如苔種、麥、稻等。

香港出沒位置：
分佈廣泛，常在郊區出沒。

哺乳綱 真盲缺目 鼩鼱科
Asian gray shrew
學名：Crocidura attenuata

又名灰鼩鼱。

關於灰麝鼩的二三事

水中列車

牠們有一種有趣的動物行為！就是灰麝鼩家族的「拖駁式」游泳。

年幼灰麝鼩會跟隨並咬住母獸的尾巴形成一列，一起游過長達 3 米以上的溝渠。

救命啊！

害蟲殺手

灰麝鼩是優秀的害蟲殺手！牠們喜歡吃蚯蚓、蠕蟲和其他對農作物有害的昆蟲。

送給你的禮物。

這次是什麼菌？

雙重身份

灰麝鼩也是疾病傳播者。牠們會偷食農作物的種子，同時也會攜帶鼠疫菌和鈎端螺旋體病原體。在中國，灰麝鼩被認為是鼠疫的傳播媒介之一。

角眼沙蟹

gok3　ngaan5　saa1　haai5

體型：
頭胸甲長約 3 至 3.5 厘米，寬約 3.6 至 3.9 厘米。

特徵：
角眼沙蟹的外殼呈方形，寬度稍大於長度，背面隆起，有很多粗糙的顆粒。螯的內側緣有鋸齒，末端有小葉，步足細長。眼柄很長，即使在洞中也能窺視外面的景象。

習性：
角眼沙蟹棲息在沙灘上，通常在高潮線附近挖螺旋形的洞穴，並在洞口築沙塔作為標誌。羣集性穴居動物，喜歡觀察外面的情況。

棲息地點：
分佈廣泛，生活環境為海水。喜歡在沙灘較深的地方挖掘螺旋形的穴居。生活區域包括日本、夏威夷、南太平洋等地。

主食：
食肉性的螃蟹，除了吃掉沙子中的有機質，和退潮時捕食小魚、小蟹和死亡的動物屍體。也會狩獵其他種類的螃蟹。

香港出沒位置：
沒有固定出沒的位置。

軟甲綱 十足目 沙蟹科
Horn-eyed ghost crab
學名：Ocypoda ceratophthalma

俗稱幽靈蟹、鬼蟹、屎蟹、沙馬仔。

關於角眼沙蟹的二三事

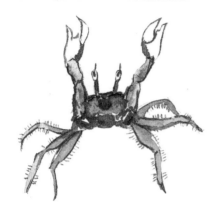

陸上最快
奔跑速度極快，以三對步腳快速奔跑，每秒可達 4.4 公尺，相當於體長的 100 倍，但只能跑 6 秒左右。奔跑速度仍是所有陸生動物中第二快的一種。

沙灘上的藝術家
當退潮的時候，遍地散落的小小沙球就是角眼沙蟹留下的痕跡！

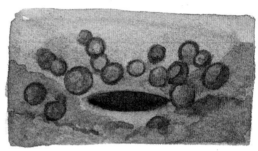

迅速隱身技巧
當牠們受到威脅時，不會緊張地逃跑或攻擊，而是迅速挖沙，將身體掩埋在沙中，好像消失了一樣。

赤红山椒鳥
cek3　hung4　saan1　ziu1　niu5

體型：
體長約 17.6 至 22.5 厘米，體重在 22 至 37 克之間。

特徵：
赤紅山椒鳥是一種色彩豔麗的大型鳥類，雄鳥的頭、頸、背、肩和翅上的小羽毛為黑色，而腰部和尾巴上的羽毛以及下半身都是赤紅或橙紅色。虹膜為紅褐色或棕色，嘴和腳為黑色。

習性：
赤紅山椒鳥喜歡成羣活動，除了繁殖期成對活動外。冬季時，常有數十隻的大羣聚集。喜歡在樹冠層活動，很少停息，會在樹枝上或空中覓食。

棲息地點：
赤紅山椒鳥主要棲息於低山丘陵、山腳平原等海拔 2000 米以下的地區，包括次生闊葉林、熱帶雨林、季雨林等等。主要分佈於印度、老撾、泰國等地。

主食：
主要以昆蟲為主，包括甲蟲、蝗蟲、蟬等昆蟲為食，偶爾也會吃植物種子。

種羣現狀：
分佈面積和數量都明顯減少。

香港出沒位置：
分佈範圍非常廣泛，會出現於市區和公園，屬於常見的留鳥。

鳥綱 雀形目 山椒鳥科
Scarlet minivet
學名：Pericrocotus speciosus

俗名紅十字鳥、硃紅山椒鳥。
留鳥。

關於赤紅山椒鳥的二三事

兄弟們跟上！

領頭鳥

赤紅山椒鳥從一棵樹轉移到另一棵樹時，通常由一隻鳥領頭，其他的鳥會隨之飛走，並且邊飛邊發出單調尖細的叫聲。

赤麻鴨

cek3　maa4　aap3

體型：
體長 51 至 67 厘米，體重在 969 至 1689 克之間。

特徵：
赤麻鴨頭頂的棕白色羽毛，臉頰、喉嚨、前頸和頸側的羽毛呈淡棕黃色。腰羽呈棕褐色，上面有暗褐色斑紋。尾巴和尾上覆羽呈黑色，翅膀上覆羽帶有白色和棕色斑點。

習性：
赤麻鴨主要在黃昏和清晨覓食，常在河流兩岸覓食。以家族羣或更大的羣體遷飛。在繁殖季節時成對，非繁殖季節則以小羣生活。

棲息地點：
棲息於湖泊、荒地、沼澤、沙灘、農田和平原疏林等地。主要在歐洲東南部、亞洲中部和東部等地繁殖，在冬季遷徙至日本、泰國和非洲等。

主食：
主要食物為水生植物和農作物的幼苗和穀物，也吃昆蟲、蝦、水蛙、蚯蚓和小魚等動物性食物。

種羣現狀：
截至 2012 年，全球總種羣數量約為 3 萬隻。

香港出沒位置：
較為罕見，沒有固定出沒位置。

鳥綱 雁形目 鴨科
Ruddy shelduck
學名：Tadorna ferruginea

又名瀆鳧、黃麻鴨或黃鳧，古稱鴛
鴦。候鳥，遷徙性鳥類。

關於赤麻鴨的二三事

雛鳥期生活

赤麻鴨的雛鳥孵化出來後，通常由親鳥從巢區揹負到水域，並在游泳時爬到親鳥背上玩耍。在經過約 50 天的雛鳥期生活後，雛鳥就會具備飛翔的能力。

原來的鴛鴦

中赤麻鴨因其白色的頭部被用來形容愛情故事中的「百年偕老」。鸂鶒因其羽毛多呈紫色被古人視為鴛鴦的同類，並在清代被畫師余省描繪為「鴛鴦」。

赤麻鴨的警鐘

感到危險時，會先由一兩隻鴨子伸長頸部並鳴叫發出警戒信號，接著整群鴨子急速起飛避險。

赤腹松鼠

cek3　fuk1　cung4　syu2

體型：
頭部細小，身長只有 17 厘米至 21 厘米。

特徵：
背部為棕色；腹部及四肢內側為赤紅色、啡黃色至橙色不等；
尾毛黑棕色夾雜白毛、膨鬆，背部暗褐色。

習性：
跑步速度驚人，嗅覺靈敏。日間活動，會於在寧靜且隱蔽的地方休息。

棲息地點：
果園、竹林、次生林、闊葉林、針葉林。分佈於印度、緬甸、越南、馬來西亞、
泰國、台灣以及中國東部和南部。

主食：
主要是草食性，視乎當季植物，包括嫩葉、花、果實、種籽，偶而也會吃小昆蟲。

香港出沒位置：
大欖、城門和大埔滘，港島區（如大潭及薄扶林）。

威脅：
鷹、滑鼠蛇、鼬鼠等。

哺乳綱 齧齒目 松鼠科
Red-bellied Squirrel
學名：Callosciurus erythraeus

香港唯一的松鼠品種，隨處可見，
受《野生動物保護條例》保護，
因尾毛膨大，被俗稱「膨鼠」。

關於赤腹松鼠的二三事

出現的契機？

基因測試顯示，赤腹松鼠並非本港原生物種，而是起源於泰國和中國東部，第一個族羣很大機會是來自上世紀六十年代，有商人由東南亞引入後被遺棄或逃走的寵物，適應本港野外環境後於本土建立族羣，成為本港的野生動物。

全都是我的！

由於其他松鼠或鳥類會把牠們埋下的儲糧偷走，故赤腹松鼠會為了提防糧食小偷，會假裝挖洞埋下果實，實質上並沒有將糧食放進去！

虎視眈眈

裝作挖土

嘻

嘻

移形換影

無論在枝椏間還是地面，赤腹松鼠的逃跑路線皆是呈 Z 字形，使捕食者難以捕捉。

赤麂

cek3　gei2

體型：
為麂類中體形最大一種，體長約一米多，體重在 25 至 30 公斤之間。

特徵：
赤麂夏毛為紅棕色，冬毛為暗褐色，身體大部份赤紅或褐色。雄性赤麂的頭部會長出一對角，雌性則無。

習性：
獨居或雌雄同棲，獨行為主；膽小謹慎，多在夜間或清晨、黃昏覓食，白天隱藏在灌叢中休息。

棲息地點：
主要棲息於山地、低海拔且多斜坡的山區、丘陵、森林、草原，以密集和有刺的灌木如闊葉林作掩護。分佈於印度、東南亞至中國南部。

主食：
植物嫩枝、葉、花、果實、農作物。

香港出沒位置：
廣泛分佈於本港郊野地區，如大帽山、馬鞍山，在山寨村旁，田園房角亦可發現其行蹤。

偶蹄目 鹿科 麂屬
Red Muntjac、Indian Muntjac
學名：Muntiacus muntjak

本港唯一的原生鹿科動物。
花名又叫赤麖、印度麂、吠鹿。

關於赤麂的二三事

牠們是專業的小偷！
牠們會到農田偷食農作物如大豆、花生等，嗜鹼性植物。

別名的由來？
赤麂受驚時會發出類似狗吠的叫聲，因此牠們又稱為吠鹿，而英文名稱則是「Barking Deer」（會吠的鹿）。

膽小的程度
傳說當牠們在小溪飲水時，也會被自己的倒影嚇倒。

弧邊招潮蟹

wu4 bin1 ziu1 ciu4 haai5

體型：
體長約 2 至 5 厘米。

特徵：
弧邊招潮蟹的身體顏色包
括深紅和鮮紅色。雄蟹有一
隻大螯，形似盾牌，位於前胸
上，用於招潮、威嚇或求偶，還有一對突出的眼睛，而雌性只有一對小螯。

習性：
弧邊招潮蟹是社會性生物，依靠視覺和聽覺交流。牠們有一個特殊器官可以過濾
食物，把不能利用的殘渣製成「擬糞」。

棲息地點：
棲息在海水潮間帶上部，穴居於港灣中的沼澤泥灘上，包括鹽沼和紅樹林沼澤等
地。分佈在韓國、菲律賓及中國等地。

主食：
主要食物來自於海底微小的藻類，也會捕食泥沙表面上的有機物碎屑和生物屍體
等殘餘物。

香港出沒位置：
香港濕地公園和米埔濕地等。

軟甲綱 十足目 沙蟹科
Uca arcuata
學名：：Uca arcuata

亦稱網紋招潮蟹、弧邊管招潮。
學名「arcuata」正是源自拉丁語
中「弓形的」之意。

關於弧邊招潮蟹的二三事

驚人的再生能力
弧邊招潮蟹能夠重新生長螯足，即使在戰鬥或
其他情況下脫落也不會導致轉換慣用螯足。幼
蟹時期開始，螯足就具有小齒，但再生後的螯
足會失去這些小齒，轉換為無齒形態。

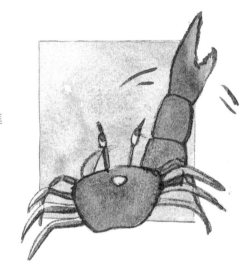

招潮蟹的求偶術
雄性弧邊招潮蟹垂直揮舞大螯，
能提高成功吸引雌蟹進入穴居進
行交配的機會。

弧邊招潮蟹的甜甜圈
弧邊招潮蟹的洞穴有個看起來像甜
甜圈的「煙囪」，由泥土組成，完
全包圍洞穴口。在交配季節，雄性
會離開洞穴尋找伴侶，「煙囪」用
以防止其他螃蟹入侵，和保護雌性
在產卵時不受干擾。

果子狸

gwo2　zi2　lei4

體型：
身長連尾巴約長 51 至 63 厘米，
體重在 3.6 至 6 公斤之間，尾
長約佔體長的三分之二。

特徵：
身體瘦長，四肢粗短，手掌
皮肉厚而有彈性，尾巴粗壯
有力。其眼上下有白色或灰
色眼斑，前額到鼻墊中間有一
條寬闊的白色花紋。

習性：
獨居的夜行性動物，生性膽小。白
天會於樹洞中睡覺，也會居住於地洞。常出
沒於林木之間，其靈巧的四肢和長尾使其在枝椏
間攀跳自如。

棲息地點：
主要棲息於中低海拔的雨林、闊葉林或裸岩等。遍佈於喜馬拉雅山區、台灣、中
國華南等地。

主食：
雜食性但以生果為主，喜歡多汁的果類，另外也會捕食鼠類、昆蟲、蛇類及鳥類。

香港出沒位置：
廣泛分佈於大嶼山及新界西北以外的香港各郊區。

哺乳綱 食肉目 靈貓科
Masked Palm Civet
學名：Paguma larvata

又名白鼻心、花面狸、果子貓。
亞洲區常見的靈貓科，受到《野生
動物保護條例》保護。

關於果子狸的二三事

尾巴的隱藏功能

牠的尾巴非常有彈性！如果果子狸跳躍時失足掉下，牠會把尾巴變成彈簧形狀，借其彈力跳回安全的地方。

別接近我！

果子狸遭遇敵人時會釋出啡色液體和強烈異味，以嚇跑敵人，警告敵方時會發出低沉的嗡嗡，像打噴嚏的聲音。

嗡

嗡

！

那夜誰將酒喝掉？

傳說，狸會偷喝老百姓家裡的酒，然後因酩酊大醉而平躺在庭院裡呼呼大睡，酣然入夢。

板齒鼠

baan2　ci2　syu2

體型：
體長 25 至 30 厘米，體重在 600 至 700 克之間。

特徵：
體型粗大，耳朵小，後腳寬闊，爪子銳利，有六對乳頭。門齒和臼齒都很大。

習性：
晝伏夜出，在黃昏時活動。牠們會暫時遷移以適應環境的改變，活動範圍廣泛，游泳能力強。喜歡挖洞穴。

棲息地點：
喜歡棲息在潮濕的環境中，如灌溉渠邊、竹林、水塘邊等。分佈於孟加拉國、柬埔寨、泰國等地。

主食：
以植物為食，偏好甘蔗、甘薯和營養價值高的種子。飲食習慣受當地農作物和季節的影響。

種羣現狀：
種羣分佈集中。在其棲息地很常見，種羣數量呈上升趨勢。

香港出沒位置：
不常見，主要在農郊地帶出沒。

哺乳綱 齧齒目 鼠科
Greater bandicoot rat
學名：Bandicota indica

關於板齒鼠的二三事

小心行事
當牠們要出洞時，通常會在洞口稍作停留，憑聲音洞察外面的情況，一旦發現危險就會立刻返回洞內，用後腳迅速推土堵住洞口。

驚人食量
板齒鼠的食量不少。在飼養環境下，體重平均達到 445 克的成鼠，每天要吃 114 克的食物呢！

兇殘的一面
但當食物供應不足時，牠們也會變得兇殘，互相殘殺，甚至咬食鼠屍。

金眶鴴

gam1　hong1　hang4

體型：
體長約 15.3 至 18.3 厘米，體重在
30 至 38 克之間。

特徵：
金眶鴴是一種小型涉禽，夏季時，
羽毛主要呈黑色、白色和灰褐色，
眼瞼四周是金黃色。

習性：
金眶鴴通常單獨或成對活動，偶爾也會組成小羣。經常出現在水邊或沙石地帶，
通常會快速奔跑一段距離，稍作停留，然後繼續前進。

棲息地點：
棲息於平原和低山丘陵地區，包括湖泊、河流岸邊，還有周圍的草地、沼澤和農
田。分佈於非洲、歐洲和亞洲西部。

主食：
主要吃昆蟲、昆蟲幼蟲，如蠕蟲、蜘蛛、甲殼類、軟體動物等水生無脊椎動物。

種羣現狀：
該生物的分佈範圍廣泛，且未接近瀕危的標準。

香港出沒位置：
常見於香港濕地公園。

鳥綱 鴴形目 鴴科
Little ringed plover
學名：Charadrius dubius

候鳥。

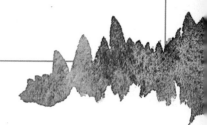

演技派

金眶鴴面對敵人時，為了保護自己的寶寶或隱藏巢穴位置，會飛起來阻止對方，有時候會詐傷，做出斷翅折腿等慘狀，以此來引開敵人的注意力。

地上建巢

金眶鴴喜歡在沒有障礙物的地方建造巢穴，牠們會挖掘一個小小的下陷處，再收集一些材料增加巢穴的保護性。從遠處看，牠們就像是坐在地上一樣。

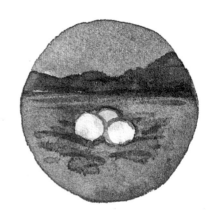

震動戰術

金眶鴴會利用震動腿部的方式在泥面或水面上製造響動，藉此驚嚇藏身其中的小昆蟲，待小昆蟲逃走時趁機捕捉。

阿穆爾隼

aa3　muk6　ji5　zeon2

體型：
成鳥全長 26 至 30 厘米，體重於 124 至 190 克之間。

特徵：
阿穆爾隼上半身為深灰色，喉嚨、頸部、胸部和腹部則是淡灰色，胸部有黑褐色的羽幹紋，兩側有黑色橫紋。

習性：
阿穆爾隼在白天獨自活動。飛翔時會迅速煽動雙翅，有時會優雅地滑翔一下，有時也會透過快速拍翼，在空中暫時停留。

棲息地點：
喜歡開闊的低山林地、河谷和丘陵地帶。分佈範圍遍及亞洲東南區的多個國家。

主食：
主要食用蝗蟲、蚱蜢、蟋蟀等昆蟲，偶爾也會捕食小型鳥類、蜥蜴、青蛙、老鼠等小型脊椎動物，在海上遷移時會以蜻蜓為食。

種羣現狀：
該生物的分佈範圍廣泛，且未接近瀕危的標準。

香港出沒位置：
不常見，在香港西北地方如尖鼻咀等地方曾被發現。

鳥綱 隼形目 隼科
Amur falcon
學名：Falco amurensis

又名青燕子、紅腳隼、青鷹等。
國家二級重點保護動物。候鳥。

關於阿穆爾隼的二三事

翱翔萬里
阿穆爾隼是遷徙旅程最遠的猛禽，單程為 13,000 至 16,000 公里。

農夫的好幫手
阿穆爾隼的食物超過 90％都是害蟲，故在消滅害蟲方面作出了卓越的貢獻。

掠巢高手
阿穆爾隼經常趁虛而入掠取喜鵲的巢，早在中國古代《詩經》就有「維鵲有巢，維鳩居之」的詩句，其中的「鳩」就是指阿穆爾隼。

青彈塗魚

cing1　daan6　tou4　jyu4

體型：
體長約 6.5 至 9.5 厘米。

特徵：
青彈塗魚前部呈亞圓筒形，頭部比較大，形狀扁平，魚嘴很大而微微向上傾斜，眼睛細小，位置很高，雙眼靠得很近。

習性：
牠們的胸鰭可驅動身體，並能夠透過皮膚呼吸，讓牠們在陸地上長時間生存。

棲息地點：
棲息於海水及半鹹水河口附近灘塗上。分佈於印度洋北部沿岸、澳洲北部等海域。

主食：
屬於雜食性，主要以藻類為食，亦攝食小型無脊椎動物。

種羣現狀：
數量非常可觀，沒有全球性的統計數字。

香港出沒位置：
分佈地點少而分散，是最難遇上的香港產彈塗魚。

威脅：
天敵主要為水鳥。

條鰭魚綱 鰕虎目 背眼鰕虎魚科
Scartelaos histophorus
學名：Scartelaos histophorus

俗名長腰海狗。

水陸兩棲
彈塗魚可是跳躍高手！牠們跳躍時尾巴總是貼著地面，完全不像一般人所說的「花跳」，大彈塗魚跳起來像波浪。

泥中躲身
牠們會挖掘泥穴藏身。以躲避天敵，還能避免過度曝曬在陽光下而變得乾癟。

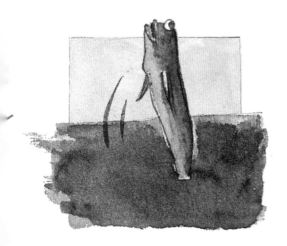

快看看我的表演！
在交配季節中，雄性會在洞穴周圍將身體顏色改變、垂直跳躍和豎立背鰭來吸引雌性的注意。

紅耳龜

hung4　ji5　gwai1

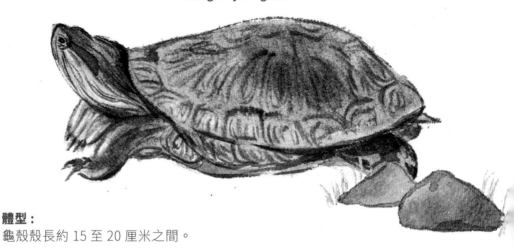

體型：
龜殼殼長約 15 至 20 厘米之間。

特徵：
紅耳龜身體呈橢圓形，背甲平緩隆起，頭部寬大，眼睛中等大小，頸部短而粗，頸部有黃綠相間的縱紋。背甲為翠綠色，四肢粗短。

習性：
淡水龜，活潑好動，比其他淡水龜更為活躍。牠們靈敏地反應水聲和振動，受驚時會快速潛入水中。紅耳龜喜歡曬太陽，但不能長時間曬太陽，需要有遮陰設施。牠們沒有攝食時間的限制，可以晝夜進食。

棲息地點：
棲息於河川、湖泊和濕地中，喜歡日光浴在水面上的岩石和漂流的木材上日光浴。最初原生於美國及墨西哥的密西西比河和格蘭德河水系，但被引入到世界各地作為寵物。

主食：
雜食性動物，野生時以肉食為主。在人工飼養下，牠們喜歡以動物為食，如魚、豬肉、蚌、螺、血蟲、紅絲蟲、黃粉蟲、蠅蛆等。

香港出沒位置：
香港的公園池塘和水庫。

爬行綱 龜鱉目 澤龜科
Red-eared slider
學名：Trachemys scripta elegans

也被稱為紅耳彩龜、北美洲紅耳龜或紅耳泥龜。雖然有別名叫做巴西龜，但其實故鄉是北美的密西西比河及格蘭德河流域。

關於紅耳龜的二三事

同類相食
紅耳龜的食慾也相當旺盛。當牠們感到飢餓時，有時會山現搶食和大吃小的情況。

野生與人工飼養的差異
你或許以為飼養紅耳龜可以讓牠們更長壽，但實際上卻是相反的結果！被人工飼養的壽命通常較短。

生態殺手
巴西紅耳龜適應能力強，容易繁殖且抗病害，因此在全球範圍內都可以存活。世界環境保護組織將其列為一百多個最具破壞性的物種之一。

紅耳鵯

hung4 ji5 bei1

體型：
成鳥全長約 20 至 22 厘米，體重於
23 至 42 克之間。

特徵：
紅耳鵯的頭頂及枕部為黑色，具
有長而直立的羽冠，眼下後方有
一個紅色塊斑，頰部為白色，
帶有黑色的頰紋，喉部為白
色。

習性：
喜歡在樹林和灌木叢之間
活動和覓食。通常成對或成小羣
活動，與其他鳥類混羣覓食，
有時亦會在地上拾取
掉落的果實作為食物。

棲息地點：
常見於郊外的林區、市區的公園、村落、灌叢及有樹木生長的地方。分佈於中國
南方、印度、越南等地。

主食：
雜食性動物，主要以果實和昆蟲為食，會啄食樹木和灌木的種子等，亦會進食昆
蟲和昆蟲幼蟲等。

種羣現狀：
紅耳鵯分佈範圍非常大，不符合物種生存的脆弱瀕危臨界值標準。

香港出沒位置：
常見於郊區及市區中。

鳥綱 雀形目 鵯科
Red-whiskeredBulbul
學名：Pycnonotusjocosus

又名紅頰鵯，俗名高髻冠、高雞
冠、高冠鳥、黑頭公等，是留鳥，
被引入到世界各地作為觀賞鳥。

關於紅耳鵯的二三事

令人感到幸福的存在
在某些農村裡，年長一輩相信紅耳鵯是報喜
的象徵，認為看到紅耳鵯，家裡就會有好事
發生。

萬人迷
紅耳鵯可愛的外表和悅耳的叫聲總
是能夠輕易地征服人們的心，牠們
總是能夠迅速成為人們的寵物和好
朋友，天生就有迷倒眾生的魅力。

我全都要！
紅耳鵯吃什麼都不挑，又愛吃昆蟲，又愛吃
植物果實，什麼都來者不拒！

紅尾伯勞

hung4 mei5 baak3 lou4

體型：
體長 17 至 21 厘米，體重在 23 至 44 克之間。

特徵：
紅尾伯勞的上背和肩膀是暗灰褐色，而下背和腰部則是棕褐色。眼圈到耳朵之間是黑色，而眼上方到耳朵之上有一條窄窄的白色眉毛。

習性：
常在樹枝上跳躍或高飛翱翔。也會在固定的棲息點等待地上的小動物和昆蟲，在繁殖季節站在樹頂上高唱。

棲息地點：
主要在低山、丘陵和林地帶活動。分佈於中國、日本、蒙古和俄羅斯聯邦等地。

主食：
主要以昆蟲等動物性食物為食，偶爾吃少量植物。

種羣現狀：
全球物種數量估計包括約 10,000-100,000 個繁殖個體。

香港出沒位置：
於高海拔的矮樹叢、大帽山等地區出現。

鳥綱 雀形目 伯勞科
Brown shrike
學名：Lanius cristatus

俗名褐伯勞。大部份為留鳥，香港的紅尾伯勞多為過境遷徙鳥，通常會在春季或秋季在本港短暫逗留。

關於紅尾伯勞的二三事

紅尾伯勞的巢穴術

紅尾伯勞非常懂得利用自然資源，牠們會在樹枝上找到一段被剝光的樹皮，然後巧妙地利用樹皮纖維建造自己的巢穴。

初出茅廬的幼鳥

小鳥出巢後仍需要親鳥照顧和餵養。親鳥不會進巢內餵食，而是在巢口附近叫喚幼鳥，引誘牠們到巢外取食，食畢後會回巢休息。

掛薯戰利品

紅尾伯勞會把吃不完的剩食部份掛在樹上，不再理會。

紅 喉 歌 鴝

hung4　hau4　go1　keoi4

體型：
體長約 12.7 至 18 厘米，體重在 15 至
27 克之間。

特徵：
紅喉歌鴝的羽毛大部份是橄欖褐色，
額頭和頭頂是棕褐色，頰部是黑色，
喉部是赤紅色。胸部是灰色或灰褐色，
腹部是白色。

習性：
地面為其主要活動區域，通常在平原
上的草叢、樹叢、蘆葦叢和附近的地
面覓食。

棲息地點：
紅喉歌鴝生活在低山丘陵、山腳平原和平原地帶，喜歡棲息於次生闊葉林和混交
林中。分佈於西伯利亞、蒙古、日本、朝鮮等地。

主食：
紅喉歌鴝是一種食蟲鳥，主要食物為昆蟲，也喜歡吃果實。

種羣現狀：
全球種羣規模尚未完全確定，在歐洲地區，2015 估計約有 2,000 至 2,400 個成
熟個體。這在全球範圍內僅佔了 5% 以下的比例。

香港出沒位置：
只會出現於新界荒郊林地。

鳥綱 雀形目 鶲科
Siberian rubythroat
學名：Calliope calliope

俗名紅脖、紅點頦。雄性也會被稱
為紅脖雀，雌性為白點頦。候鳥。

關於紅喉歌鴝的二三事

昆蟲模仿大師

紅喉歌鴝雄鳥通常在晨昏至夜晚時份發出鳴
聲，能夠仿效昆蟲、蟋蟀、油葫蘆、金鈴子
和金鐘子等聲音。

跑步舞者

紅喉歌鴝在地上奔跑時，偶爾會稍稍停頓，
然後展開尾羽，彷彿在炫耀自己的美麗。

紅嘴相思鳥

hung4　zeoi2　soeng1　si1　niu5

體型：
體長約 12.7 至 15.4 厘米，體重在 14 至 29 克之間。

特徵：
紅嘴相思鳥的額、頭頂、枕和上背部呈現橄欖綠色，並帶有些許黃色。尾巴是黑色。眼睛和眼周是淡黃色，有赤紅色的嘴。

習性：
紅嘴相思鳥在繁殖期通常成對或獨自活動，但在其他時候，牠們會形成小羣，通常有三至五隻，會與其他小鳥混羣活動。非常大膽，性格活潑。善於鳴叫，尤其在繁殖期間。

棲息地點：
高山森林，出沒於海拔 1200 至 2800 米的山地常綠闊葉林、竹林和林緣疏林灌叢等地帶。分佈於尼泊爾、巴基斯坦、留尼汪島和意大利等。

主食：
主要以毛蟲、甲蟲、螞蟻為食，也會吃植物，包括水果、種子等等。

鳥綱 雀形目 噪鶥科
Red-billed leiothrix
學名：Leiothrix lutea

又稱相思鳥、紅嘴玉、五彩相思鳥、紅嘴鳥等。留鳥。

種羣現狀：
紅嘴相思鳥全球種羣數量尚未確定。在中國，約有 10,000 至 100,000 個繁殖對，而在日本約有 100 至 10,000 繁殖對。估計種羣數量正在下降。

香港出沒位置：
曾在香港的郊野公園、大埔滘和粉嶺等地被發現。

關於紅嘴相思鳥的二三事

樹上的小忍者
紅嘴相思鳥不怕人，經常在樹上或林下的灌木叢中自由穿梭、跳躍、飛來飛去。有時也會到地面上活動和覓食，展現出靈活的一面。

灌木上的鳴唱秀
紅嘴相思鳥非常愛歌唱，常常站在灌木的頂枝上，高聲地鳴唱著。還會不斷地抖動翅膀，鳴唱時雄鳥會搧動雙翅，聳豎體羽，發出多變悅耳的聲音。

紅嘴鷗

hung4　zeoi2　au1

體型：
體長約 35 至 43 厘米，體重在 205 至
375 克之間。

特徵：
紅嘴鷗和鴿子的體型和毛色都相似，
羽毛大部份是白色，翼尖是黑色，嘴
和腳是鮮紅色。亦有黑色的爪和褐色
眼睛。

習性：
紅嘴鷗常常成羣活動，牠們可以浮於海面，或者立在漂浮的木頭等物體上。牠們
也會和其他海洋鳥類混羣，在魚羣上繞圈飛行。

棲息地點：
紅嘴鷗棲息於平原和低山丘陵地帶的湖泊、河流、水庫、河口、漁塘、海濱和沿
海沼澤地帶。分佈在北美地區、歐亞大陸、非洲、印度、中國及太平洋諸島嶼。

主食：
紅嘴鷗喜歡吃小魚、蝦、水生昆蟲、甲殼類和軟體動物等水中無脊椎動物。還會
捕食蠅、鼠類、蜥蜴等小型陸棲動物，甚至會吃死魚和其他小型動物的屍體。

種羣現狀：
紅嘴鷗整體數量趨勢不明確，有些種羣的趨勢未知。

香港出沒位置：
是香港最常見的海鷗，出現在香港的東面水域。

鳥綱 鴴形目 鷗科
Black-headed gull
學名：Chroicocephalus ridibundus
        / Larus ridibundus

俗稱水鴿子。候鳥。

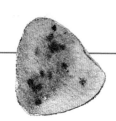

關於紅嘴鷗的二三事

城鎮裡的紅嘴鷗
在某些城鎮中，紅嘴鷗相對溫馴，人們甚至會給牠們投食。

繁殖期的紅嘴鷗

紅頰獴

hung4 gaap3 mung4

體型：
體長約 30 至 36 厘米，體重在 650 至 750 克之間。尾巴長度約佔體長的五分之四。

特徵：
體形瘦小及細長，四肢短小但十分粗壯。耳部較低，形狀較圓，可在游泳時封閉其耳孔，以防進水。眼圈、頰部及腮部毛為棕紅色，亦是其得名原因。有不能收縮的爪，彎曲而有力。

習性：
晝行性動物，獨行性。活潑而兇猛，會以拱背、豎毛、發出嘰嘰聲和噴鼻等方法自衞或威嚇敵人。捕獵方式近似貓類，以突襲進攻敵人或獵殺。

棲息地點：
有特強的適應能力，可於不同的自然環境下生存，包括濕地、森林、草原等，居於岩洞、土洞等。主要分佈於亞洲南部。

主食：
隨機捕食者，所有可捕捉到的小動物皆為其食糧。主要捕食蛙、蛇、蜥蜴和鼠類。

香港出沒位置：
廣泛分佈於新界郊區。

哺乳綱 食肉目 獴科
Indian Mongoose, Java Mongoose
學名：Herpestes javanicus

花名又叫斑點獴、紅臉獴、印度獴
或爪哇獴，被列為一百種最具危害
性的入侵物種之一。

關於紅頰獴的二三事

毒蛇殺手

紅頰獴喜愛吃蛇類亦不懼怕毒蛇，不會魯莽攻
擊，而是挑釁毒蛇攻擊自己，使其折騰至筋疲
力竭後才撲過去，將毒蛇擊敗。

好奇的小朋友

當紅頰獴遇上人類時，大部份皆會駐足觀察，
而不是即時逃走。

可憐的斑翅秧雞

在 19 世紀的美洲，人們引入了善於捕食鼠類的
紅頰獴及印度獴以解決鼠患。結果適應力特強
的紅頰獴大量補食了不懂飛行的斐濟羣島獨有
物種──斑翅秧雞，使其絕種……

食蟹獴

sik6 haai5 mung4

體型：
體長約 40 至 80 厘米，體重在 1 至 3 公斤之間。

特徵：
頭尖，尾巴長，末端尖小，全身的毛也很蓬鬆。全身的體毛與尾毛也較長，其皮毛主要為麻褐或灰褐色，末端帶點白色。面部兩側各配有一條延伸至頸部的長白條紋。

習性：
高峰活動時間為清晨或傍晚時段，覓食時會移至溪流附近，善於游泳與潛水。

棲息地點：
主要棲息於低海拔至中海拔山區森林之溪流附近，並以岩洞或自掘的洞穴作為其居所。分佈於台灣、印度西北、尼泊爾等地。

主食：
偏肉食的雜食性動物，除了特別喜歡的螃蟹外，亦會捕食魚類、鳥類、鼠類、蛙類等。

香港出沒位置：
蓮麻坑、沙頭角、八仙嶺、馬鞍山和船灣郊野公園也有其蹤影。

哺乳綱 食肉目 獴科
Crab-eating mongoose
學名：Herpestes urva

因喜食螃蟹而得名，又名棕簑貓。

關於食蟹獴的二三事

閉氣高手
食蟹獴在水中移動時，可以關閉耳朵和鼻子並在水中待上好幾分鐘！

河流評估準則
食蟹獴是「河流生態指標」之一！生態學家和水資源管理人員可以透過觀察食蟹獴的數量和生活狀況，判斷河流的健康狀況。

螃蟹剋星
食蟹獴對烹調螃蟹十分駕輕就熟。食蟹獴會先以爪子將螃蟹翻過來，並以牙齒輕輕咬開螃蟹的甲殼，再一口咬住。食蟹獴對食用螃蟹的喜愛程度，可謂是螃蟹界的恐怖之王！

香港半葉趾虎

hoeng1 gong2 bun3 jip6 zi2 fu2

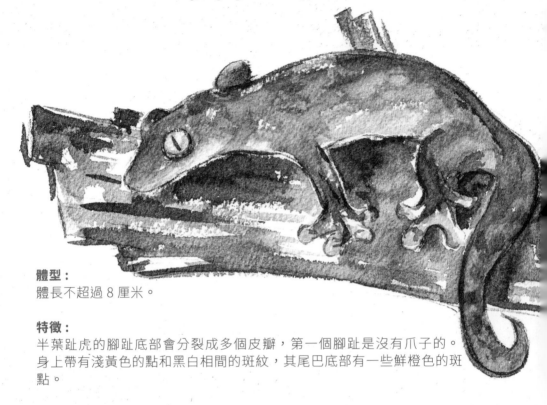

體型：
體長不超過 8 厘米。

特徵：
半葉趾虎的腳趾底部會分裂成多個皮瓣，第一個腳趾是沒有爪子的。
身上帶有淺黃色的點和黑白相間的斑紋，其尾巴底部有一些鮮橙色的斑
點。

習性：
夜行性動物。受到威脅，會立刻自割尾巴，意圖讓敵人分散注意力並趁機逃跑。

棲息地點：
棲息於郊野公園和周圍的邊陲地帶。依賴著樹皮生活。暫時只分佈於香港。

主食：
主要吃昆蟲和其他小型無脊椎動物。

種羣現狀：
該生物的分佈範圍不明確，是一種易受威脅的品種。

香港出沒位置：
主要分佈在港島的薄扶林郊野公園、香港仔郊野公園、蒲台島及石鼓洲。

爬蟲綱 有鱗目 壁虎科
Hong Kong slender gecko
學名：Hemiphyllodactylus hongkongensis

香港唯一的一種半葉趾虎，也是本地第八種壁虎，體型最小的壁虎品種。2018 年在香港首次被發現的新品種。

關於香港半葉趾虎的二三事

保護衣

由於香港半葉趾虎常被蛇類和蛙類視為捕食對象，故為了自我保護，牠們具有一身保護色，使其在晚間活動時也可以輕易地隱身於叢林中。

叢林忍者

香港半葉趾虎的趾盤上有成千上萬的細毛，每根細毛的尖端會分叉成多個匙狀物，以便牠們在垂直面上自如爬行甚至倒轉。尾巴亦可以以捲曲的方式纏繞樹枝，可謂是叢林忍者！

栗背短腳鵯

leot6 bui3 dyun2 goek3 bei1

體型：
體長約 19.1 至 22.5 厘米，體重在 31 至 47 克之間。

特徵：
栗背短腳鵯的頭部為栗色，上半身是栗色或栗褐色，下半身則為白色或灰白色，胸部和腰部帶有灰色，尾羽為暗褐色，雙翼為暗褐色。眼睛為褐色或紅褐色，嘴巴為黑褐色，腳是暗褐色或棕褐色。

習性：
栗背短腳鵯經常成對或組成小羣在喬木樹冠層中活動，牠們也會前往林下的灌木叢和小樹上活動和覓食。

棲息地點：
棲息在次生闊葉林、林緣灌叢和稀樹草坡灌叢，以及地邊叢林等。
主要分佈在中國、香港和海南島等地區。

主食：
雜食性鳥類，主要以植物性食物為食，但也會吃昆蟲。

種羣現狀：
是中國的獨有鳥類之一，但數量並不多。

香港出沒位置：
主要在大埔滘為聚居點。

鳥綱 雀形目 鵯科
Hemixos castanonotus
學名：Hemixos castanonotus

俗名灰短腳鵯海南亞種，是中國的
特有物種。留鳥。

羣體日光浴
當栗背短腳鵯外出覓食時，總是成
群活動，特別喜歡在附近的水池邊
一起曬太陽。

總是在生氣
栗背短腳鵯會發出「tickety-boo」
的叫聲，聽起來像是銀鈴撞擊聲
和急切的責罵聲。

粉紅燕鷗

fan2　hung4　jin3　au1

體型：
成鳥體長 31 至 38 厘米，體重在 90 至 130 克之間。

特徵：
夏羽特徵包括黑色的額、頭頂和枕部，後頸下體皆為白色，有時略帶微粉紅色。成鳥冬羽的特徵為前額和頭頂前部有白色和黑色縱紋，下體則為淡粉紅色。

習性：
喜歡在淺水處或海面上自由翱翔以尋找食物，喜歡聚集成羣以及和其他燕鷗一起活動，有時會在岩礁上休息。飛行時，雙翅會頻繁搧動，以垂直俯衝或下潛的方式來捕捉獵物。

棲息地點：
主要在海岸、港灣的岩礁、沙灘和海上島嶼棲息。分佈於大洋洲的熱帶沿海、海域、島嶼和西歐等地。

主食：
以小型魚類為主食，也會捕食昆蟲和一些海洋裡的無脊椎動物。

種羣現狀：
物種廣泛分佈，不列入接近危險的邊緣。

香港出沒位置：
多數在吐露港北部和大鵬灣一帶出沒。

鳥綱 鴴形目 鷗科
Roseate tern
學名：Sterna dougallii

又名青燕子、紅腳隼、青鷹，為候鳥。

關於粉紅燕鷗的二三事

交出來吧！
粉紅燕鷗喜歡襲擊其他浮鷗類，並迫使牠們吐出已經吞吃的食物！

燕鷗孵育計畫
粉紅燕鷗會在巨大的岩礁上建巢繁殖。

每對燕鷗通常會生下兩個蛋，母鳥和父鳥皆會輪流參與蛋的孵化過程直到牠們破殼而出。

這個巢位我要定了！
來港繁殖的燕鷗們，通常會在四月底至五月進入本地探索周圍的環境，在這個階段，牠們有可能會因為爭奪最佳的巢位而爆發激烈的打鬥。

臭鼩

cau3 keoi4

體型：
體長 10 至 14 厘米，尾長約 6.5 至 8 厘米，體重在 20 至
60 克之間。

特徵：
臭鼩的毛髮短而柔軟，呈褐灰
色，毛尖帶點褐色和銀灰色光
澤。其鼻子長尖，眼睛小，耳
朵大而圓，尾巴粗短，末端
是尖細錐狀，前後腳皆長，
各有五趾，爪子銳利。

習性：
在黃昏和黎明時活
動，喜歡獨居，視力差，
能發出尖銳的叫聲。會用
枯枝、落葉和亂草築巢，
以避免被發現，在受驚嚇時分泌臭腺分泌物作為自衛手段。

棲息地點：
生活範圍很廣，可以在平原、田野、草叢和竹林等找到牠們。臭鼩也喜歡溫暖潮
濕的環境，有時更會闖進人類的居所中覓食。分佈於日本、中國、菲律賓、印尼、
埃塞俄比亞等等。

主食：
臭鼩的食物以昆蟲為主，如蟋蟀、螻蛄等等。

香港出沒位置：
分佈廣泛，常在郊區出沒。

哺乳綱 真盲缺目 鼩鼱科
Asian house shrew
學名：Suncus murinus

又稱錢鼠。是華南、南亞及東南亞
十分常見的動物之一。

關於臭鼩的二三事

勇猛無畏
雖然臭鼩體型細小，但其實個性兇猛！
牠們會毫不畏懼地跟體型比自己大得多
的黃胸鼠搏鬥！

笨拙的跳遠高手
臭鼩有點笨手笨腳，不擅長攀爬，但
牠們的跳躍力卻相當驚人，可以一躍
而起高達 200 毫米的高度！

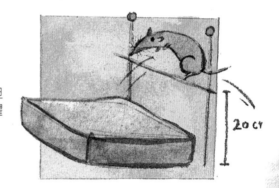

20 cm

老鼠的替身
貓咪們看到臭鼩的話，會當作是見到老
鼠一樣，出手抓捕，卻又不會吃掉。

帶上這個頭箍吧！

95

草原鵰

cou2　jyun4　diu1

體型：
體長約 70 至 80 厘米，
體重在 2400 至 3800 克之間。

特徵：
屬於大型猛禽，全身呈深褐色，尾巴平直，故很容易和其他深色的鵰混淆。翼下帶有淺色的斑點。體色變化很大，從淺灰褐色到暗褐色都有。

習性：
草原鵰主要在白天活動，會於電線杆、孤樹和地面上長時間休息，或於草原和荒地的上空翱翔，在空中觀察和尋找獵物，通常不會距離地面太遠，以便發現獵物時迅速俯衝並捕捉。

棲息地點：
主要棲息於樹木繁茂的平原、草地、荒漠和低山丘陵。分佈在非洲和南亞地區。

主食：
主要捕食黃鼠、跳鼠、貂類、沙蜥、草蜥、蛇和鳥類等，也會食用動物屍體和腐肉。

種羣現狀：
截止 2016 年，估計全球數量低於 37,000 對。被列入《世界自然保護聯盟瀕危物種紅色名錄》(IUCN)2021 年 ver3.1——瀕危 (EN)。

香港出沒位置：
罕見，曾出現於大生圍。

鳥綱 鷹形目 鷹科
Tawny eagle
學名：Aquila rapax

又稱草原鷹、黑鵰、花鵰、塔斯、茶色鵰。

關於草原鵰的二三事

草原鵰的狩獵秘笈
草原鵰會守在地上或在旱獺和鼠類的洞口等待獵物出現時撲向牠們。

7:00AM

咕～

出發。

點餐時間
草原鵰的用餐時間和小齧齒動物的活動時間非常一致，通常在早上七時至十時和傍晚時份出沒。

豹貓

paau3 maau1

體型：
體長 36 至 66 厘米，體重在 1.5 至 5 公
斤之間。

特徵：
豹貓身上的圖案獨特，有四條寬而明顯
的主條紋，身側配有斑點，鼻子至兩眼
之間有白色條紋；耳朵大而尖；尾巴上
配有環紋，尾尖為黑色。

習性：
夜行性動物，常在晨昏時活
動。獨自或成對活動。喜歡在樹
洞、土洞或石縫等地築巢。善於游泳
和攀爬。

棲息地點：
居住在山區森林、鄉野灌叢和林邊村落附近。在半開闊的稀樹灌叢中，豹貓的數
量最多。廣泛分佈於中國，亦分佈於阿富汗、俄羅斯和朝鮮等地。

主食：
以各種鼠類、松鼠、蛙類、蜥蜴、蛇類、小型鳥類和昆蟲為食。

種羣現狀：
全國豹貓數量估計不少於 100 萬隻。

香港出沒位置：
非常稀有，沒有指定出沒地點。

哺乳綱 食肉目 貓科
Leopard cat
學名：Prionailurus bengalensis

又名狸貓、山貓、石虎。在中國會被稱作「錢貓」，因其身上的斑點和中國的銅錢相似。是台中市的城市吉祥物。

關於豹貓的二三事

我不要當胖貓
豹貓不是胖貓種，但有些主人可能會因為其體型看起來較瘦弱，而提供過多的食物和營養。

與豹貓當朋友
豹貓看起來十分野性，但其實個性活潑聰明亦不帶攻擊性，更善於與人相處。

牠們可以與主人一起洗澡。有些主人還可以像遛狗一樣帶牠們散步呢！

馴養的起源
中國早在新石器時代已經開始馴養貓，而第一種被馴化的貓就是豹貓了！

從考古和形態學的研究來看，這種馴化可以追溯到至少五千年前。

針毛鼠

zam1　mou4　syu2

體型：
體長約 13 至 15 厘米，體重約 85
克。

特徵：
中型鼠類，其體背呈鐵鏽色
調較深，背毛中刺狀針
毛較多，耳朵小而圓，
尾巴背面呈棕褐色且
沒有白色末梢。背毛
棕色或棕黃色，背部
中央有許多刺狀針毛。
腹毛和前後足背面為白
色。

習性：
以夜間為主，但在白天也常外出活動。
活動範圍很廣，非常兇猛，亦能夠靈活攀爬、跳躍，甚至在樹上行動，輕鬆跳過
樹枝和縫隙尋找食物。

棲息地點：
棲息於熱帶和亞熱帶的森林、山區、丘陵地帶，以及溪谷和灌叢。分佈於中國、
印度、馬來西亞、印尼、緬甸、尼泊爾、泰國。

主食：
主要以植物為食，喜歡吃野果、竹筍、茶果和栗子等，也常常去田間偷吃稻穀、
麥子、花生和漿果等農作物。

哺乳綱 齧齒目 鼠科
Chestnut white-bellied rat
學名：Niviventer fulvescens

種羣現狀：
針毛鼠廣泛分佈於東南亞地區，但具體數量尚未有明確統計。估計針毛鼠的數量呈現下降趨勢。

香港出沒位置：
沒有固定出現地點，常見於林地。

關於針毛鼠的二三事

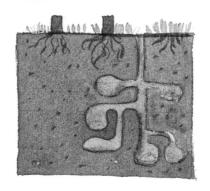

針毛鼠的家居風格
針毛鼠住所由多條洞道和分支組成，包括深入地下的單口縱深洞、地面上的單口橫洞，還有通向不同方向的雙口或三口橫洞。洞口隱蔽，內部有巢室、廁所和盲洞等區域。針毛鼠喜歡用樹葉、竹葉、樹枝和雜草等築巢，洞口通常朝向西南方。

馬夫魚

maa5 fu1 jyu4

體型：
馬夫魚體長約 1.5 至 3.5 厘米。

特徵：
馬夫魚的體色為黃白色，左右各具有兩條寬闊的暗褐色橫帶。其眼睛上方有一個黑色的斑點，但並不是眼圈。背鰭的第四根硬棘會延長成絲狀。

習性：
在日間活躍。幼魚喜歡獨自在淺水區游泳，而成魚通常會羣集於珊瑚礁附近盤旋。

棲息地點：
馬夫魚通常棲息在深度 2 至 75 米的水域，最常見的深度範圍為 15 至 75 米。喜歡在珊瑚礁、潟湖、近海沿岸以及外礁斜坡的深水區域活動。分佈於印度洋、太平洋、阿拉伯灣、澳洲的豪勳爵島等。

主食：
主要食物來源為動物性的浮游生物和珊瑚蟲。

香港出沒位置：
本港常見物種，沒有固定出沒位置。

條鰭魚綱 蝴蝶魚目 蝴蝶魚科
Pennant coralfish
學名：Heniochus acuminatus

又名白吻立旗鯛，俗名黑白關刀。

關於馬夫魚的二三事

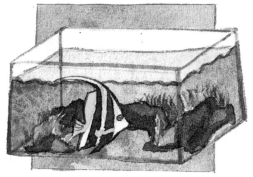

別把馬夫魚當成菜餚！
馬夫魚可是高價值的觀賞魚！

牠們不是用來下廚的材料，所以請別把牠們當成美食來享用呢。

魚善被魚欺
馬夫魚性格溫馴，有時會被體型較大的刺尾魚和鱗魨魚類欺負。

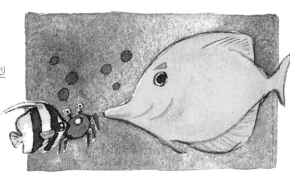

女皇寶座
魚羣中最大的雌魚通常為牠們的領袖，其他魚都會跟隨牠的行動。領袖的背鰭通常是最大的，年輕的魚有可能會挑戰領袖的地位，但通常吃了豐富的飼料也不會超過領袖的大小，只好繼續追隨女王了！

馬来豪豬

maa5 loi4 hou4 zyu1

體型：
體長 63 至 72 厘米，
體重在 0.7 至 2.4 公斤
之間。

特徵：
馬來豪豬耳朵小，聽
覺和視覺不靈敏。短
尾巴，全身為黑褐色
其胸部和體側都有扁
平的棘刺，以黑棕色
和白色相間，有些還
有鈎子，臀部的刺會
比較長而密集。

習性：
夜行性動物，白天會躲在洞內休息。行動緩慢，晚上常循著固定路線覓食。冬季
時會羣居。

棲息地點：
喜愛居住在山區丘陵，亦會偏愛棲息在繁茂的林木和靠近農田的山坡草叢或密
林。分佈於孟加拉國、中國、印尼、老撾、馬來西亞、緬甸、尼泊爾、泰國、越南。

主食：
主要食物包括花生、番薯等農作物，特別喜歡吃鹽。

香港出沒位置：
不常見，沒有指定出沒地點。

哺乳綱 齧齒目 豪豬科
Malayan porcupine
學名：Hystrix brachyura

也稱馬來箭豬、喜馬拉雅豪豬、東亞豪豬。

關於馬來豪豬的二三事

豪豬的護身符

若豪豬感到威脅或憤怒時，牠們會迅速將身上的棘刺豎起來並不停地抖動，也會彈動肌肉使背部的棘刺射出來！但這些棘刺的力量很小，只能用於嚇唬敵人。

腹部攻擊

豹和獵狗是少數能擊敗豪豬的對手，但需要先把豪豬踢翻使其柔軟的腹部朝上。

馬來豪豬的穴居智慧

馬來豪豬善於利用天然石洞或穿山甲、白蟻挖掘的舊巢穴建造出一套複雜的巢穴系統，一般會有兩個洞口，其中一個會開在雜草中，以便在危險時脫逃並進入。

彩鹮

coi2　waan4

體型：
體長約 49 至 60 厘米，體重在 480 至 800 克之間。

特徵：
彩鹮的身體大部份皆為青銅栗色；臉部沒有羽毛，會以鉛色的裸皮和眼圈所覆蓋；黑色的嘴很長，且向下彎曲，尾羽上具有一點紫綠色和黑色光澤。

習性：
通常獨自或與少數同伴覓食，會以長嘴插入泥地或淺水中的方法覓食，或捕食表層食物。白天覓食後便會回到樹上棲息。

棲息地點：
主要在淺水湖泊、沼澤、水淹平原、濕草地、水田和水渠等淡水水域。喜歡在沼澤、稻田和漫水草地等地方築巢。分佈於歐洲南部、亞洲、非洲、美洲中部。

主食：
以小型無脊椎動物為其主要的食物來源，如水生昆蟲、昆蟲幼蟲、蝦、甲殼類等。

種羣現狀：
該物種分佈範圍廣，不接近物種生存的脆弱瀕危臨界值標準。

香港出沒位置：
非常罕見，曾在上水塱原出現過。

鳥綱 鵜形目 䴉科
Glossy ibis
學名：Plegadis falcinellus

留鳥。

關於彩䴉的二三事

優美的翱翔姿態

牠們會伸長頸部和頭部，並將腳伸到尾部的後面，通過鼓動兩翼來維持飛行，再配合牠們的滑翔技巧，姿態非常優美。

我的食物呢？

有時為了覓食，會把整個頭都浸入水中，或在陸地上跑來跑去追逐獵物。

收隊！

到了晚上時份，彩䴉會成直線排列或編隊飛回共棲處。

有時牠們也會與其他鳥類如白鷺和蒼鷺混群，彼此之間可以和諧共處。

眼鏡蛇

ngaan5　geng3　se4

體型：
可長達 1.2 至 2.5 米。

特徵：
眼鏡蛇有溝牙和細牙，屬於毒蛇，尖牙不能摺疊，相對較小。頸部和身體有變化很大的花紋，脊柱有下突，瞳孔為圓形，尾巴為圓柱狀，頭背有對稱的大鱗。

習性：
晝行性蛇類，主要在白天外出活動覓食。能耐高溫，在 35 至 38℃ 的炎熱環境中仍可四處活動，反之對低溫的承受能力則較差，冬季會集羣冬眠。

棲息地點：
喜歡生活在平原、丘陵、在山坡墳堆、田間、住宅附近等等。主要分佈在亞洲和非洲的熱帶和沙漠地區，東南亞島嶼。

爬行綱 有鱗目 眼鏡蛇科
Cobra
學名：Naja

眼鏡蛇的英文名稱「Cobra」來自拉丁語，意為「蛇」。在閩南語和粵語中，眼鏡蛇被稱為「飯匙銃」和「飯鏟頭」，因其張開頸部時形狀像飯匙或飯鏟頭。

主食：
食性很廣，既吃蛇類、魚類、蛙類，也食鳥類、蛋類等。

香港出沒位置：
沒有固定出沒的位置。

關於眼鏡蛇的二三事

致命威脅
眼鏡蛇的毒液中含有可以攻擊神經系統的神經毒素，除了會導致麻痺，還有可引致內出血及流血不止的細胞毒素，只需約 15 毫克的毒液就足以致人於死地呢！

精準射手
有些眼鏡蛇能夠射出毒液，這種蛇會被稱為「射毒眼鏡蛇」。攻擊時會瞄準敵人的眼睛，以壓縮毒液囊的方法，透過毒牙頂端上方的小洞將毒液噴向對方。

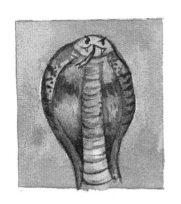

裝腔作勢
遇到敵人時眼鏡蛇會擴張頸部並且舉起身體前半部低吼，使自己看上去更大，藉以恐嚇敵人。

野豬
je5 zyu1

體型：
體長 150 至 200 厘米，肩高約 90 厘米，體重在 90 至 200 公斤之間。

特徵：
體型粗壯、頭部大、四肢短粗的動物，毛色通常呈深褐色。毛髮粗而稀。雄性野豬有兩對不斷生長的犬齒，長約 6 厘米，其中 3 厘米會露出嘴外，可用作武器或挖掘工具。

習性：
野豬羣一般由 20 隻左右的成員組成，也曾有超過 50 隻野豬羣的記錄。野豬會挖掘洞穴作為家園。

棲息地點：
棲息範圍很廣，涵蓋了溫帶和熱帶，從半乾旱到熱帶雨林、溫帶林地和草原等。牠們經常進入農地覓食。分佈非常廣泛，涵蓋了整個歐亞大陸。

主食：
食物來源包括草、果實、根、昆蟲、鳥蛋、大家鼠、腐肉，也會吃野兔和鹿崽等。

種羣現狀：
雖然沒有全球性的統計數字，但相信很多地方都有相當可觀的野豬數量。

香港出沒位置：
香港島、大嶼山、大帽山、新界東北、西貢和清水灣。

哺乳綱偶蹄目 豬科
Wild boar
學名：Sus scrofa

又名山豬。

關於野豬的二三事

野性十足

激怒野豬或使其感到威脅的話，公豬會用鋒利的獠牙保護自己，而母豬則會以咬噬對方作攻擊手段。

豬鼻神功

野豬嗅覺很強，能分辨食物成熟程度，甚至在積雪下找到幾米下的食物，雄豬亦可以利用嗅覺尋找雌豬的位置。

古林博斯帝

北歐神話中，豬不僅是野蠻的象徵，也象徵著肥沃和豐收。

豐饒之神弗雷所養有的野豬名為古林博斯帝，據說牠的鬃毛可以照亮黑暗，讓人安心前行。

斑頭鵂鶹

baan1 tau4 jau1 lau4

體型：
體長約 24.1 至 26 厘米，體
重在 150 至 260 克之間。

特徵：
斑頭鵂鶹的身體主要為暗褐
色，配有棕白色橫斑，翅膀
上帶有白色的斑點，其額部
和嘴周邊是白色，有黑色的
爪子和硬毛狀的羽毛。

習性：
獨自或成對活動的鳥
類，白天和晚上皆會
活動。能在空中捕捉小鳥
和大型昆蟲，鳴聲獨特，晨昏時會發出快速的顫音，音量會隨著
調子降低而增加。

棲息地點：
主要生活在各種森林環境，海拔範圍大約可達平原 2000 米左右。
分佈於尼泊爾、錫金、中南半島、馬來西亞等地。

主食：
主要以昆蟲和幼蟲為食，如蝗蟲、甲蟲、螳螂、蟬等等，也會吃
鼠類、小鳥、蚯蚓、蛙和蜥蝪等。

種羣現狀：
分佈範圍廣泛，未接近生存線的脆弱瀕危標準。

香港出沒位置：
不常見，出沒位置包括大埔滘和香港濕地公園等。

鳥綱 鴞形目 鴟鴞科　　　　　　　留鳥。
Asian barred owlet
學名：Glaucidium cuculoides

關於斑頭鵂鶹的二三事

夜間的犬吠聲

斑頭鵂鶹會發出一種聽起來像犬吠聲的雙哨音，這種聲音音量會不斷增強，速度也會慢慢加快，直至整個空間都充斥著牠的聲音。在靜謐的夜晚，牠們的聲音可以傳播數里遠。

我不是喵喵

斑頭鵂鶹配有一雙圓圓的眼睛，頭部圓圓，像貓一樣，故亦被取名為「貓王鳥」，但斑頭鵂鶹其實是很兇猛的猛禽呢！

普通翠鳥

pou2　tung1　ceoi3　niu5

體型：
成鳥全長 16 至 17 厘米，體重在
40 至 45 克之間。

特徵：
雄性普通翠鳥有黑綠色的頭部和
後頸，翠藍色的背部和尾巴上覆
羽，暗藍色的翅膀上會帶有翠藍
色的斑紋，喉嚨和頦為白色。

習性：
經常單獨出沒，喜歡在河邊的樹椿、岩石和小樹的低枝上休息。
喜歡靜止不動地盯著水面或在空中懸浮低頭凝視，在發現獵物時快速俯衝入水。
牠們能在水面低空直線飛行，速度很快，會邊飛邊叫。抓到獵物後，會將獵物帶
回棲息地，將魚捧打至死後再吞食。

棲息地點：
喜歡棲息在林區溪流、平原河谷、水流緩慢的小河、水庫等等。分佈範圍廣泛，
於北非、歐亞大陸、新畿內亞以及所羅門羣島等地也可見其蹤影。

主食：
主要以小魚為食，也會吃甲殼類和各種水生昆蟲及其幼蟲。

香港出沒位置：
濕地公園和城門水塘等地方。

種羣現狀：
全球物種數量規模的估計有 780,000 至 1,340,000 隻。

鳥綱 佛法僧目 翠鳥科
Common kingfisher
學名：Alcedo atthis

又名釣魚伕、魚狗。
為留鳥。

關於普通翠鳥的二三事

獨立領域
普通翠鳥有高度的領域性，其範圍通常至少長一公里，如果另一隻翠鳥進入其領域，會發生打鬥！

Alcedo atthis
普通翠鳥的拉丁學名「Alcedo atthis」，意思是「倩女般美麗的魚狗」。

你逃不了的
普通翠鳥擁有可以在水中保持視力清晰的技能！在水中會使用雙眼視覺，用於判斷移動獵物的距離。

棕果蝠
zung1 gwo2 fuk1

體型：
體長平均 9.5 至 12 厘米，體重在 45 至 106 克之間。

特徵：
中等體型的蝠類，其臉部突出吻部，耳朵呈橢圓形，翅膀相對短小，尾巴很短，藏在股間膜中。

習性：
熱帶蝙蝠，不冬眠，和同種蝙蝠棲息於洞穴中。在夜間時外出覓食，在天黑前便會離開洞穴，深夜才會返回洞穴。而有一部份棕果蝠會留在洞穴中直到凌晨。

棲息地點：
棕果蝠喜歡羣居在大型石灰岩山洞中，也會選擇隱蔽的高樹樹葉下作為棲息所。分佈於孟加拉國、不丹、柬埔寨、緬甸等地。

主食：
主要食物為野生水果和種植的水果。

種羣現狀：
棕果蝠是一個數量相對穩定的常見物種，種羣數量趨於穩定。

香港出沒位置：
分佈廣泛，常在郊區出沒。

哺乳綱 翼手目 狐蝠科
Leschenault's rousette
學名：Rousettus leschenaultii

又叫印度果蝠。原產東南亞。

關於棕果蝠的二三事

空中公寓
在白天時，會用一隻後腳鈎爪，以臉向下，眼睛向前倒吊著。牠們會密集地堆疊在一起，聚集在洞穴的凹凸處懸掛著。

水果殺手
棕果蝠可謂是果農的大敵人，牠們在傍晚時份會從洞裡蜂擁而出，直奔附近的果園吃水果。

邊是我們的，
後請不要過界。

寸土必爭
棕果蝠進佔洞穴的行為相當霸道！一旦進入洞穴，牠們會霸佔絕大多數的空間，其他物種只能被迫退居到一旁。

無斑箱魨

mou4　baan1　soeng1　tyun4

特徵：
無斑箱魨身形為長方形，口的位置稍微向上，上唇中央有一個明顯的腫塊。背鰭和臀鰭的形狀十分相似，皆由九條軟條構成並不帶硬棘；而尾鰭後緣是圓形。

習性：
無斑箱魨喜歡獨自活動，並且會在江河和海洋之間來回游動。在繁殖季節時會游回江河產卵。

棲息地點：
主要居住在水中的中層或底層。分佈於西北太平洋區，由日本至台灣北部附近海域。

主食：
以海藻、底棲的無脊椎動物和小型魚類為主要食物。

香港出沒位置：
沒有固定出沒地點。

條鰭魚綱 魨形目 箱魨科
Immaculate boxfish
學名：Ostracion immaculatus

又稱箱河魨、海牛港。

關於無斑箱魨的二三事

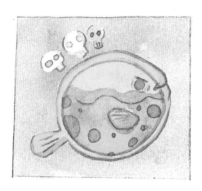

魚中最毒

無斑箱魨含有劇毒的 TTX 神經毒素，是所有魚類中毒性最強的一種！

不同種類的河豚所含毒素效力不同，但只要攝入 16 毫克的毒素就能致命，如果以注射的方式，則只需要 2 毫克。

漂浮的毒氣球

無斑箱魨生性膽小。當受到威脅時，牠們會以食道向前腹側和後腹側擴大成囊方式，使自己膨脹成球狀並漂浮在水面上，發出咕咕聲。一旦接觸便會釋出強烈的毒素。

膨脹中的無斑箱魨

短耳鴞

dyun2 ji5 hiu1

體型：
體長約 34.4 至 39.8 厘米，體重在
251 至 366 克之間。

特徵：
短耳鴞全身黑褐色並帶棕色的羽
毛邊緣，臉部有明顯的黑色羽毛斑
紋和棕黃色皺紋，眼周為黑色。
翅膀、尾巴和身體上方為棕黃
色，下半身為棕白色。

鳥綱 鴞形目 鴟鴞科
Short-eared owl
學名：Asio flammeus

俗稱短耳貓頭鷹，是分佈最廣的鴞類之一。
多數為冬候鳥或旅鳥，少數為留鳥。

習性：
傾向於傍晚和晚上活動，偶爾也會在白天活動，通常棲身在地面或草叢中。繁殖季
節期間，會反覆多次地發出「不一不一不一」的鳴叫聲。

棲息地點：
短耳鴞主要棲息於低山、丘陵、苔原和荒漠等，尤其喜歡在開闊的平原草地、沼澤
和湖岸地帶出沒。分佈於全世界，會出現於北極周圍以及北溫帶，以及夏威夷和南
美洲的大部份地區。

主食：
以鼠類為主，偶爾也會捕食小鳥、蜥蜴和昆蟲，有時也會吃植物的果實和種子。

種羣現狀：
該物種分佈範圍廣泛，不接近物種生存的脆弱瀕危臨界值標準。

香港出沒位置：
比較難見，過往曾在元朗區甩洲出現過。

關於短耳鴞的二三事

我不是胖
短耳鴞跟很多貓頭鷹一樣，既有長腿又有利爪，
方便抓緊獵物，所以在厚厚的毛裡其實埋藏了一
雙大長腿！

長頸「鴞」
短耳鴞有一條很長的頸，可以 270 角度轉動，
以準備好隨時觀察獵物，十分靈活！

紫灰錦蛇

ji2　fui1　gam2　se4

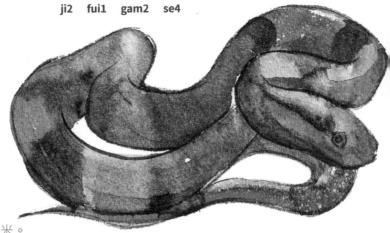

體型：
體長約 80 至 110 厘米。

特徵：
身體顏色有棕色、紅色、三文魚色或桃色等不同的變數，身體背部會有黑色條紋
延伸至尾巴，頭頂則有一條短而明顯的黑色紋路。

習性：
性情溫馴，但同時也具有神經質和膽小的性格。通常在夜間活動，白天則躲藏在
隱蔽的地方。

棲息地點：
喜歡在山區森林中生活，也會出現在茶山、農田、溪流旁、山路邊，甚至是村舍
附近。分佈於印度、不丹、緬甸、尼泊爾、越南、泰國、越南、老撾、馬來西亞、
印尼、而在中國分佈亦較廣泛。

主食：
主要以小型哺乳動物為食，尤其喜愛進食鼠類。

種羣現狀：
紫灰錦蛇分佈廣泛，然而數量仍然相對稀少，可能只出現在一個區域。紫灰錦蛇
已被列入中國國家林業和草原局 2000 年 8 月 1 日發佈的《國家保護的有益的或
者有重要經濟、科學研究價值的陸生野生動物名錄》。

爬行綱 有鱗目 游蛇科　　　　　又名紅竹蛇、紫灰蛇。
Black-banded trinket snake
學名：Oreocryptophis porphyraceus

香港出沒位置：
非常稀有，被認為是香港最罕見的蛇之一。

關於紫灰錦蛇的二三事

尾巴變身
紫灰錦蛇受到威脅時會迅速將自己的尾巴盤成
蚊香座狀，像是在示威一般。

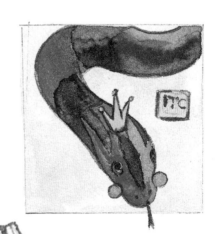

飼養要求苛刻
紫灰錦蛇的飼養較為困難。牠們
不太耐高溫，對食物也相當挑剔。

黃小鷺

wong4　siu2　lou6

體型：
體長約 29.5 至 37.5 厘米，體重在 52 至 105 克之間。

特徵：
中型涉禽，雄鳥羽毛為黑色配灰白色縱紋，下身為黃褐色，頸部和胸部有黑褐色塊斑。雌鳥的頭頂則為栗褐色。

習性：
常單獨或成對活動，活動時間為清晨、傍晚、晚間和白天。尋找食物時，通常沿沼澤地、蘆葦塘或水邊淺水處慢步涉水覓食。

棲息地點：
棲息在平原和低山丘陵地帶的水域，尤其是有挺水植物和開闊的湖泊、水庫、水塘和沼澤，有時也會在附近的草叢與灌木叢中出現。分佈於日本、印度、菲律賓群島以及中國等地。

主食：
主要吃小魚、蝦、蛙和水生昆蟲等動物。

種羣現狀：
該生物的分佈範圍廣泛，且未接近瀕危標準。

香港出沒位置：
沒有固定出現地點。

鳥綱 鵜形目 鷺科
Yellow bittern
學名：Ixobrychus sinensis

又名黃葦鳽或黃葦鷺，俗稱水駱駝或小老等，閩南語又稱田缺了或田缺仔。大部份為夏候鳥。

關於黃小鷺的二三事

隱身術
黃小鷺有極高警覺性，一旦感到危險就會立刻停下來靜止不動，依靠自己體色和花紋融入環境，防止敵人找到牠，但其實還是很容易被找到……

小記
香港的濕地南生圍果然是鳥類天堂！一次去南生圍寫生時除了看到站在木板上的鴨子、在天空中盤旋著的猛禽直插水中捕食外，竟然也看到黃小鷺的蹤影呢！

休息中的黃小鷺

125

黃牛

wong4　ngau4

體型：
黃牛體長約 1.5 至 2.5 米，體重
在 200 至 350 公斤之間。

特徵：
黃牛體格強壯，有一對中空而彎曲的角。每隻蹄子上都長有蹄甲，後方兩隻蹄子
不會接觸地面。尾巴相對較長，尾端長有一叢毛，體毛顏色多為黃色。

習性：
可以在各種極端天氣和環境下生存。能吃粗糙飼料，適應能力強，也可以靠放牧
恢復體力。

棲息地點：
棲息在沼澤、河流、池塘、草原等潮濕的地區，常在水邊覓食。分佈在中國、印
度、孟加拉、泰國等亞洲地區。

主食：
主要以植物為食，例如青草、乾草、牧草、樹皮、灌木和一些雜食性食物，如根
莖和果實。

香港出沒位置：
西貢、馬鞍山、大嶼山、大帽山、城門水塘、元朗錦田、大埔、粉嶺、上水及沙
頭角一帶。

哺乳綱 偶蹄目 牛科
Cattle
學名：Bos taurus

黃牛幾乎遍佈全國各地。主要在農區用作役畜，而在牧區則兼用作乳牛和肉牛。

關於黃牛的二三事

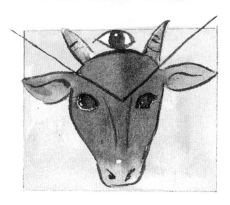

更廣闊的視野

黃牛的眼睛位於頭部兩側，具有很寬的視野，可達 320 度，但由於視野重疊範圍較小，觀察側面的景物時，因缺乏立體感和難以判斷大小，需要停下來才能專注觀察。

牛的象徵

人們重視黃牛，常被視為力量、財富、忠誠和勤勞的象徵。

神秘睡眠模式

黃牛警覺性高且很少有時間用於睡眠，在反芻和休息時也是處於一種半睡眠狀態，真正進入深度睡眠的時間不到一小時。

黃 腹 鼬
wong4　fuk1　jau6

體型：
體長 20.5 至 33 厘米，尾長約 6.5 至 18 厘米，體重在 168 至 250 克之間。

特徵：
體型小，尾巴細長，全身短毛，腳掌發達，爪子短細。背部呈咖啡褐色，腹部呈沙黃色，分界線清晰。

習性：
穴居動物，喜歡在其他動物的洞穴、石堆、墓地或樹洞中建造自己的巢穴。主要在黃昏和夜間活動，清晨也會有活動。其活動範圍不大，通常都走固定的路線。獨自活動或成對出現，會游泳，但不太會爬樹。

棲息地點：
棲於山地森林、草叢、低山丘陵、農田及村莊附近。有時也見於 3000 米以上的高山。分佈於不丹、尼泊爾、泰國、越南等地。

主食：
喜歡吃鼠類，也會吃魚、蛙、昆蟲等等，偶爾也會食漿果。

種羣現狀：
族羣分佈較為集中。在中國南方的森林中，黃腹鼬很常見。

哺乳綱 食肉目 鼬科
Yellow-bellied weasel
學名：Mustela kathiah

因其腹部顯著的黃色而得名。

香港出沒位置：
不常見，主要出現在郊區和郊野公園。

關於黃腹鼬的二三事

小巧卻兇猛
黃腹鼬性情兇猛，行動敏捷，走路時碎步前進，
似在搜尋獵物。

臭屁彈！
被其他動物追趕時會利用其肛腺
放出惡臭氣體，讓追趕者遠離自
己，然後馬上鑽入洞中避險。

老鼠剋星
和鼬屬其他種類一樣，在不飢餓的
情況下，看到老鼠時便會捕獲。由
於其體型小可以輕易地鑽進比牠們
身體小的洞穴，故能夠輕鬆捕獲逃
進洞裡的老鼠。

黑翅鳶

hak1　ci3　jyun1

體型：
體長約 31 至 34 厘米，體重約 300 克。

特徵：
頭部由白色變為灰色，翅膀黑色和藍灰色，尾巴平而呈淺叉狀，下半身和翅下覆羽為白色。成鳥有血紅色虹膜和黑色嘴巴，深黃色的腳和黑色的爪。

習性：
通常在清晨和黃昏活動，白天則經常停留在樹梢或電線杆上休息。當有小鳥或昆蟲飛過時，會突然猛衝過去捕食。叫聲細而尖。

棲息地點：
分佈範圍廣泛，從平原到高達 4000 米以上的高山都可以見到牠們的蹤影。喜歡棲息在有樹木和灌木的開闊地帶，包括農田、疏林、草原和原野等地。分佈於菲律賓、葡萄牙、匈牙利、德國等。

鳥綱 鷹形目 鷹科
Black-winged kite
學名：Elanus caeruleu

又名黑肩鳶。
為留鳥，於香港為過境遷徙雀鳥。

主食：
主要包括田間的老鼠、小鳥、野兔、昆蟲和爬行動物等。

種羣現狀：
根據 2015 年的數據，歐洲黑翅鳶的種群估計約有 1,100 至 2,600 對成鳥，約 2,200 至 5,300 隻。目前，該物種的種羣數量穩定，在歐洲的小種羣中有所增加。

香港出沒位置：
在香港較為稀有，沒有固定出現地點。

關於黑翅鳶的二三事

優雅盤旋在空中的獵鳥
黑翅鳶在空中盤旋、翱翔的動作很輕盈，看起來非常優雅。

特殊武器
黑翅鳶的喙基非常寬，口部可以張得很大，有助黑翅鳶更輕鬆地捕捉大型獵物，包括兔子、松鼠，甚至其他的鳥類。

黑臉琵鷺

hak1　lim5　pei4　lou6

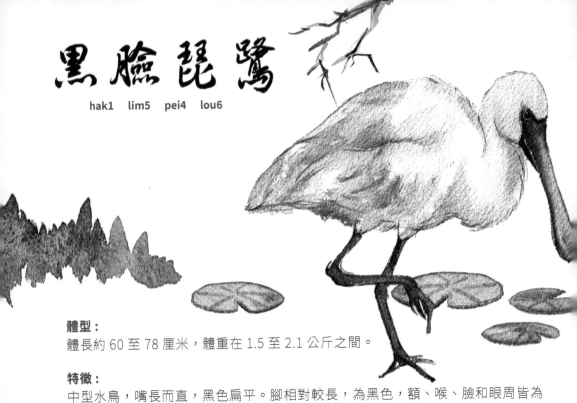

體型：
體長約 60 至 78 厘米，體重在 1.5 至 2.1 公斤之間。

特徵：
中型水鳥，嘴長而直，黑色扁平。腳相對較長，為黑色，額、喉、臉和眼周皆為黑色，其餘部位為白色。

習性：
通常單獨或小羣活動。機警，很難接近。白天覓食，通常在淺水處尋找食物。有時會與其他水鳥混羣活動。中午前後會在蝦塘的土堤上或稀疏的紅樹林中休息。

棲息地點：
主要棲息地包括內陸湖泊、水塘、河口、蘆葦沼澤和海邊蘆葦沼澤地帶。只會出現於亞洲東部。

主食：
主要以小魚、蝦、蟹、昆蟲及軟體動物和甲殼類動物為食。

種羣現狀：
總數量持續下降。2017 年 1 月進行的普查記錄了 3,941 隻黑臉琵鷺。
被列入《世界自然保護聯盟瀕危物種紅色名錄》(IUCN)2017 年 ver3.1——瀕危 (EN)。

香港出沒位置：
不常見，在米埔后海灣、福田自然保護區和香港濕地公園等地出沒。

鳥綱 鵜形目 鹮科
Black-faced spoonbill
學名：Platalea minor

又名小琵鷺等，因嘴的形狀扁平長得像湯
匙，故俗稱飯匙鳥、黑面勺嘴，也被稱為「黑
面天使」和「黑面舞者」。冬候鳥及留鳥。

關於黑臉琵鷺的二三事

空中優美的旋律
黑臉琵鷺飛行時會將頸部和腿部伸直，然
後緩慢地拍打翅膀，展現出優美而有節奏
的動作。

水中掃帚
黑臉琵鷺覓食會用長喙插進水中，
半開著嘴在淺水中慢慢前進，並
搖晃頭部左右掃蕩水底層的獵物。

休閒娛樂
黑臉琵鷺休息時，牠們會嬉鬧和為彼此梳
理羽毛。

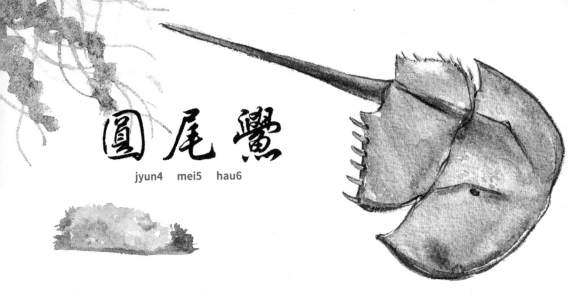

圓尾鱟

jyun4　mei5　hau6

體型：
平均體長約 28 至 31.5 厘米，包括約 15 至 19 厘米的尾巴，甲殼寬約 14.5 至 17.5 厘米。

特徵：
前體是圓頂形，後體是邊緣有刺的後甲殼，會利用尾巴在翻轉時將自己正面朝上。有六對附肢，第一對螯肢用於放置食物，其餘五對用於行走，大多數附肢有剪刀狀爪子。有多隻眼睛。

習性：
棲息深水中，但幼體常出現在潮間帶淺水區繁殖，一萬隻幼鱟僅有一到兩隻能夠長大並生活 10 到 15 年。

棲息地點：
喜愛棲息在泥濘的河流、河口沼澤和紅樹林等環境，特別偏好鹽度較低的河口區域。分佈於新加坡、泰國、柬埔寨與香港沿海地區等等。

主食：
以貽貝、小蟹、蠕蟲、蠔和沙蟲的雙殼類動物為主食。

種羣現狀：
除了因生長速度緩慢，亦因味美而遭到濫捕濫殺，面臨滅絕危機。

香港出沒位置：
后海灣、大嶼山和沙頭角海的泥灘上。

肢口綱 劍尾目 鱟科
Mangrove horseshoe crab
學名：Carcinoscorpius rotundicauda

被稱作「馬蹄蟹」，與蜘蛛和蠍子有著親密的親戚關係，同屬於螯肢亞門。

關於圓尾鱟的二三事

緩慢的成長之路
圓尾鱟的脫皮需要開始劃出裂縫，再慢慢爬出全身新的甲殼。科學家估計要成為一隻完全成長的圓尾鱟，需要等待十幾年！

一脫皮就長 33%?!
當幼體脫掉一層皮後，體積就能增加33%。

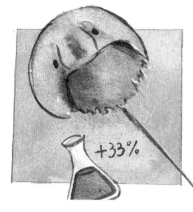

藍血液
圓尾鱟的藍色血液在生物醫學科學中被廣泛應用！除了可用於治療精神疲憊和腸胃炎等疾病的藥物，亦用於檢測細菌及其內毒素。

圓鼻巨蜥

jyun4　bei6　geoi6　sik1

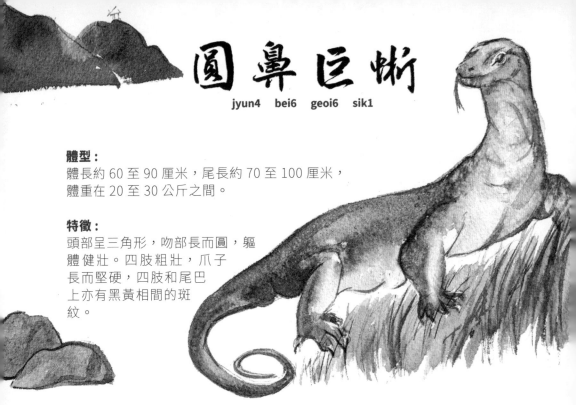

體型：
體長約 60 至 90 厘米，尾長約 70 至 100 厘米，
體重在 20 至 30 公斤之間。

特徵：
頭部呈三角形，吻部長而圓，軀
體健壯。四肢粗壯，爪子
長而堅硬，四肢和尾巴
上亦有黑黃相間的斑
紋。

習性：
喜歡在清晨和傍晚覓食，具備游泳和攀爬能力，天性好鬥。圓鼻巨蜥壽命可以長
達 150 年。

棲息地點：
棲息於山區的溪流旁或沿海的河口、山塘、水庫等地。分佈於斯里蘭卡、中南半
島、澳洲等地。

主食：
不太挑食，從魚類、蛙類、蝦類，到小型哺乳動物和爬行動物，昆蟲和鳥蛋皆通
通進食。甚至會溜進附近的村莊偷吃家禽。

種羣現狀：
在全球都很常見，但具體數量未確定。

香港出沒位置：
在野外見到的話很大可能是從市場中逃脫或人為放生，在湖邊及水塘仍不時能看
到牠們的蹤影。

爬行綱 有鱗目 巨蜥科
Asian water monitor
學名：Varanus salvator

又稱水巨蜥、澤巨蜥、五爪金龍、四腳蛇。

關於圓鼻巨蜥的二三事

戰鬥巨蜥

圓鼻巨蜥在搏鬥時，會將身體向後並擺出格鬥的架勢，在敵人注意力稍有鬆懈時，會舉起尾部狠狠地抽打過去，使對方措手不及，落荒而逃，甚或喪命。

圓鼻巨蜥逃脫術

當圓鼻巨蜥感到危險時，會迅速爬上樹，緊緊地抓住樹幹發出威嚇的聲響，並膨起脖子，如果對手還不罷休，會用剛吞下去的食物來引誘對方以趁機逃走。

千萬別接觸

圓鼻巨蜥身上的寄生蟲感染率很高，內部感染率更達到 100%！

綠海龜

luk6　hoi2　gwai1

體型：
體長約 80 至 150 厘米，體重在 6.5 至 13.6 公斤之間。

特徵：
體型巨大的硬殼海龜。兩頰為黃色，身有黃斑，腹甲為黃色。四肢特化成鰭狀的槳足，可以靈活划水游泳，前肢的爪則呈鈎狀。

習性：
在特定區域覓食，是唯一會上岸曬太陽的海龜品種。因使用吞氣式呼吸，須每隔一段時間伸出頭部到海面上呼吸空氣，此外，還可以利用肛門周圍的肌肉收縮，從海水中攝取氧氣。

棲息地點：
廣泛分佈在熱帶及亞熱帶海域中，通常在長滿海藻的淺海域覓食，即約南北緯度20°C等溫線之間的海域。分佈於中國、老撾、越南。

主食：
以海藻為主食，偶爾也吃軟體動物、節肢動物或魚類。

種羣現狀：
全球只有約 20 萬頭母龜可繁殖。被列為瀕危物種，並成為世界自然基金會的海洋十寶之一。

香港出沒位置：
南丫島深灣。

爬行綱 龜鱉目 海龜科
Green sea turtle
學名：Chelonia mydas

又稱綠蠵龜、青海龜。

關於綠海龜的二三事

遺傳習性
在漫長的進化過程中，牠們仍然保留著一些祖先的習性，會回到牠們的出生地，也就是海灘上來繁殖後代。

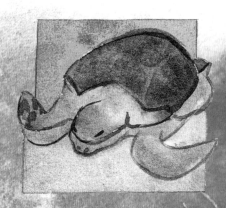

綠海龜如何睡眠
夜幕降臨，綠海龜會漂浮在海面上入睡。暫停肛囊的呼吸，轉而使用肺來呼吸。

青綠色的秘密
由於需要用肺呼吸，於海中的潛水深度極限約一兩百米，其主食為海中的海草與大型海藻，因體內脂肪累積了許多綠色色素才呈現淡綠色。

銀耳相思鳥

ngan4 ji5 soeng1 si1 niu5

體型：
體長約 14 至 18 厘米，體重在 23 至 29 克之間。

特徵：
銀耳相思鳥的前額和頸部呈現橙黃色或茶黃色，頭頂和下半身為黑色，嘴巴是黃色。

習性：
活潑大膽，常在秋冬季節出現，喜歡單獨或成對活動，有時也會結成小羣。不怕人，好奇心重。常在灌木叢或竹林裡跳來跳去，很少在樹上靜止或飛得太遠。

棲息地點：
棲息在海拔 2000 米以下的地區，主要分佈在常綠闊葉林、竹林和林緣灌叢地帶。分佈於印度次大陸及中國的西南地區。

主食：
主要以各種昆蟲為食，像是甲蟲、瓢蟲、螞蟻及昆蟲幼蟲。也會吃一些植物果實和種子，例如草莓、懸鉤子和玉米等。

種羣現狀：
該生物的分佈範圍廣泛，並未接近瀕危標準。

香港出沒位置：
常見，沒有固定出現地點，可以在大埔滘或城市公園發現牠們的蹤影。

鳥綱 雀形目 噪鶥科
Silver-eared mesia
學名：Leiothrix argentauris

又稱相思鳥、黃嘴玉等。
留鳥。

關於銀耳相思鳥的二三事

覓食大羣的美麗常客

銀耳相思鳥會加入其他鳥類的大羣覓食，其中包括其他鶯鶥科的物種。通常在靠近地面的地方，但有時也會在高達五米的樹冠層覓食。

相思鳥兵團

銀耳相思鳥常常跟紅嘴相思鳥在一起，在樹林下方的茂密灌草叢中聚集。

領角鴞

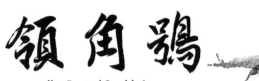

ling5　gok3　hiu1

體型：
體長約 23 至 25 厘米，體重在 100 至 170 克之間。

特徵：
領角鴞上半身有淺黃褐色斑紋、黑色和淺黃色的斑紋，肩胛處羽毛呈淡黃色。下半身呈淺棕色，帶小箭頭狀條紋，腳趾基部有肉灰色至暗橄欖色的羽毛，喙則呈綠色。

習性：
領角鴞是夜行動物，白天很少露面。牠們會躲在茂密的枝條中，紋風不動佇立著，就像是一座雕塑。

棲息地點：
棲息地包括森林、灌木叢、次生森林、城市和鄉村周圍的樹林和竹林等等。從平原到海拔 2400 米的山地也有牠們的蹤影。分佈於印度北部、巴基斯坦北部、孟加拉和喜馬拉雅山東部至中國南部。

主食：
主要以甲蟲、蚱蜢等昆蟲為食，也會吃蜥蜴、老鼠甚至小鳥。

種羣現狀：
在未發現任何下降或重大威脅的證據情況下，領角鴞的族羣數量被認為是穩定的。

香港出沒位置：
屬於最常見的本地貓頭鷹物種，出現於林地或市區公園裡。

鳥綱 鴞形目 鴟鴞科
Collared scops owl
學名：Otus lettia

關於領角鴞的二三事

15 分鐘的鳴叫聲
領角鴞會發出一個柔和、單調的「噗噢」聲，
每隔約 12 至 20 秒就會重複一次。這種鳴叫聲
可能會持續長達 15 分鐘，也許更長。

眾矢之的
領角鴞雖然是夜行性，但牠們不太受
其他鳥類歡迎，所以在日間棲息時，
不時被聚集在樹上的小鳥圍攻。

歐亞水獺

au1　aa3　seoi2　caat3

體型：
歐亞水獺身長約 90 至 115 厘米，尾巴佔其三分之一。

特徵：
頭短小扁平，體型粗壯而修長。四肢短，每肢各有五趾，趾間有蹼，可在水中快速游動捕食。身體為深啡色，呈流線形，被堅硬的毛所覆蓋。

習性：
主要在夜間活動，行蹤神秘。聰明又愛玩。皮毛有外層防水、內層保暖的效果，故此可在水中亦行動敏捷，卻不能長時間在水中逗留。

棲息地點：
居於海岸及河流等有豐富資源的地方，住所隱蔽，多為在河道邊所挖掘的巢穴、偏僻的洞穴或樹叢等等。分佈於歐洲、北非及亞洲，為全球分佈最廣泛的水獺品種。

主食：
十分喜愛吃魚類，份量佔所有食物的八成，其餘則為甲殼類動物如蟹和水生昆蟲，間中亦會食用鳥類。

香港出沒位置：
蠔殼圍、新界西北部、近米埔自然保護區附近。

哺乳綱 食肉目 鼬科 水獺屬
Eurasian otter
學名：Lutra lutra

受《野生動物保護條例》保護，半水棲哺乳動物。

關於歐亞水獺的二三事

一萬八千倍的領地

歐亞水獺的地盤意識十分強！即使身長只有一米多，卻持有 18 公里的領地，即長度達一百六十三個標準足球場。

「刀」下留人

遇上危險時，水獺會向捕食者展示牠的嬰兒，希望換取捕食者的同情心。

水獺也有傳家之寶

每隻水獺也會有一塊代代相傳的「寶物」，一塊用來打開貝殼的石頭，歐亞水獺會長期夾在腋下方便使用。

褐林鴞

hot3　lam4　hiu1

體型：
體長約 46 至 53 厘米，體重在 710 至 1000 克之間。

特徵：
中型猛禽。有黑色的眼圈，全身深褐色，並且在肩部、翅膀和尾巴上有白色的橫斑。有細密的褐色橫斑。

習性：
夜行性鴞鳥，成對或單獨活動。白天會躲藏在茂密的森林中，以直立的姿勢棲息在粗枝上，直到黃昏和晚上才會出來活動和狩獵，有時在陰暗的白天和樹林深處也會出現。很機警也很膽怯，稍有聲響，就會迅速飛離。會發出各種各樣的聲音，類似號啕大哭、震顫、尖叫聲和竊笑聲。

棲息地點：
活躍於山地森林、熱帶森林沿岸地區、平原和低山地區。分佈於孟加拉國、不丹、文萊、柬埔寨等地。

主食：
主要以齧齒類為食（即鼠類），還會吃小鳥、蛙、小型獸類和昆蟲，偶爾捕食魚類。

種羣現狀：
該物種分佈範圍廣泛，不接近物種生存的脆弱瀕危臨界值標準。

香港出沒位置：
罕見，曾在南大嶼和嘉道理農場附近的森林裡被發現。

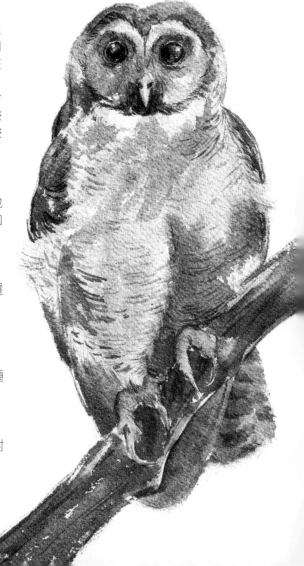

鳥綱 鴞形目 鴟鴞科
Brown wood owl
學名：Strix leptogrammica

亞熱帶山區森林留鳥。

關於褐林鴞的二三事

靜如朽木
在白天受干擾時，牠們會將體羽縮緊，就像一段朽木一樣，半睜著眼睛觀察四周。

約會叫聲
黃昏時，牠們會和伴侶通過聲音交流來進行配合，相約出去覓食。

感覺有人在看著……

偷襲
牠們會耐心地在樹枝頭上等待獵物出現。當獵物露出破綻時，褐林鴞會瞬間發動攻擊，毫不留情地撲向獵物。

褐家鼠

hot3　gaa1　syu2

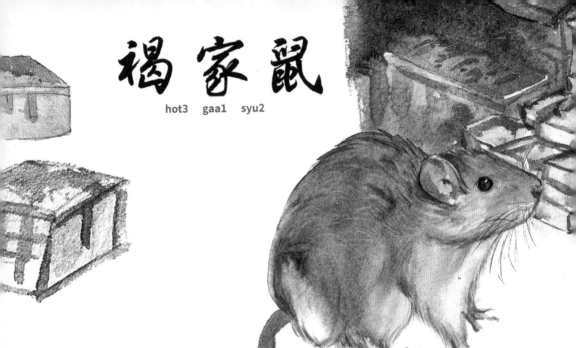

體型：
體長 13 至 24 厘米，體重在 100 至 133 克之間。

特徵：
背部棕褐色或灰褐色，有些黑色長毛，尾巴上下部份顏色不同，尾背部有褐色細長毛。

習性：
羣居，晝夜活動但以夜間為主，運動能力強，能攀爬、游泳和潛水。對環境變化敏感，警覺性高，但習慣後就會失去警惕性。春秋季節較活躍。

棲息地點：
生活在河邊草地、灌叢、荒草地等地，也常出現在人類居住區，如牲畜圈棚、倉庫、食堂、屠宰場等。分佈於全世界，凡是有人居住的地方都有褐家鼠的存在。

主食：
褐家鼠可食各種食物，如人類食物、飼料、垃圾等，偏好含脂肪和含水量充足的食物。

香港出沒位置：
主要在室內及室周環境出沒。

哺乳綱 齧齒目 鼠科
Brown rat
學名：Rattus norvegicus

又名褐鼠、大鼠、白尾吊、耗子、溝鼠，為常見的老鼠之一，也是當中最大的物種。

關於褐家鼠的二三事

臭名昭著
溝鼠經常藏身於水溝、排水口、下水道，甚至是垃圾桶和廚餘桶等地方，身上可能攜帶各種細菌和病毒。

啃咬大師
褐家鼠的啃咬能力很驚人！牠們可以輕易咬壞各種建築材料，如鉛板、鋁板、橡膠、混凝土等，木製的門窗、傢俱、電線、電纜等也難逃牠們的鋒牙。

生存能力無極限
適應力極佳的褐家鼠不僅能在極寒的冷庫中繁殖，還能忍受高達 40℃ 的熱帶氣候，甚至能像旅行家一樣爬上火車、輪船和飛機。

噪鵑

cou3　gyun1

體型：
成鳥全長 39 至 46 厘米，體重在 175 至 350 克之間。

特徵：
中型鳥類，尾長，雄鳥全身皆為黑色並帶淡藍色光澤。而雌鳥全身為暗褐色，並有整齊白色小斑點，虹膜為紅色，嘴則為淺綠色，腳呈灰藍色。

習性：
單獨活動。隱蔽地藏於大樹的枝葉叢，一般只能聽見其鳴叫但不見其蹤影。

棲息地點：
主要生活在城市中的大型公園和低海拔地區的森林、丘陵、耕地和平原等地。分佈在孟加拉國、老撾、文萊和新加坡等地。

主食：
雜食性動物，以果實、種子為食，亦會覓食昆蟲。

種羣現狀：
該生物的分佈範圍廣泛，且未接近瀕危標準。

香港出沒位置：
常見於香港市區。

鳥綱 鵑形目 杜鵑科
Asian Koel
學名：Eudynamys scolopaceus

常見留鳥。俗名為嫂鳥、哥好雀、婆好、叫春鳥、升 Key 雀、哦啊。

關於噪鵑的二三事

Ko-el～
Ko-el～

噪鵑的開聲練習

噪鵑會發出響亮清脆的叫聲求偶，鳴聲為雙音節的「Ko-el」聲，重複約五至十次，每次提高聲調和速度，故被廣稱為「升 Key 雀」。即使過程受到干擾也會立刻飛到另一棵樹上繼續。

我踢～

是不是怪怪的？

偷龍轉鳳

噪鵑是巢寄生的鳥類，會尋找棲息環境、食譜、產卵期、孵化期也相近的鳥類的巢穴，並將其中一枚鳥蛋吃掉或推至樹下，混入自己的鳥蛋，讓不知情的宿主幫忙將噪鵑的鳥蛋孵化及餵養。

不祥之兆？

由於外型，有時也會被視為不祥之兆，但其實噪鵑反而是代表生態環境良好，因為牠只會於植物茂盛的區域頻頻出沒。

橙頭地鶇

caang2　tau4　dei6　dung1

體型：
體長約 18.5 至 21 厘米，體重在 51
至 60 克之間。

特徵：
橙頭地鶇的頭部和頸側呈鮮橙棕色或
橙栗色，背部、肩部、腰部和尾部上
方則是藍灰色，翅膀是黑褐色，翅膀
上方有明顯的白色橫斑。

習性：
通常會單獨或成對活動。由於是地棲
性的鳥類，大多在地上活動和覓食，
但有時也會在樹上活動。性格膽怯，
常躲藏在林下茂密的灌木叢中，不容
易被發現。

棲息地點：
主要生活在低山丘陵和山腳地帶的山地森林裡。牠們尤其喜歡茂密的常綠闊葉
林。分佈於東南亞不丹、印度、孟加拉、斯里蘭卡等地。

主食：
主要以昆蟲類為食，包括甲蟲、竹節蟲等，會吃幼蟲，也會進食植物的果實和種
子。

種羣現狀：
目前還沒有全球橙頭地鶇種羣數量的具體數據。據估計，中國的橙頭地鶇繁殖對
的數量約為 100 到 10,000 對左右。

香港出沒位置：
屬於罕見鳥類，曾在香港濕地公園和大埔滘自然護理區被發現過。

鳥綱 雀形目 鶇科
Orange-headed thrush
學名：Geokichla citrina

俗名黑耳地鶇。主要為留鳥，部份為夏候鳥。其種加詞「citrina」意為「橙色的」。

關於橙頭地鶇的二三事

啼—

啼—

刺耳警報
橙頭地鶇的鳴聲甜美清晰。當牠們感到警戒時，則會發出高聲刺耳的哨音「啼—啼—啼—」。

鳥語者
牠們有模仿其他雀鳥叫聲的能力，如鶇、鴛鴦和長尾縫葉鶯。

樹麻雀

syu6 maa4 zoek3

體型：
體長為 12.5 至 14 厘米，身體短而圓，與其他鳥類相比，體型偏小。

特徵：
上身為褐色，帶黑色斑點；面部則為白色，兩頰側根各自有一塊黑色色塊，此為鑑別麻雀的關鍵特徵。

習性：
喜歡成羣活動，集體活動時數量可達數百至千隻。生性活潑，但飛行距離不遠，亦不會高飛。

棲息地點：
主要棲息在人類居住環境，會在很多洞的樹羣木上或建築物如穀倉的屋簷下築巢。廣泛分佈於歐亞大陸，歐洲、中亞、東南亞、東亞。

主食：
隨季節變化會改變飲食的雜食性鳥類。春夏季節以昆蟲為主食，秋冬季節則轉而以植物的種子、果實為主。

種羣現狀：
樹麻雀估計全球數量為 2000 萬隻。

香港出沒位置：
由於麻雀非常近人，僅會出現在有人類活動的環境。

鳥鋼 雀形目 雀科
Eurasian Tree Sparrow
學名：Passer montanus

留鳥，為典型的食穀鳥，常出現於城市中。

關於樹麻雀的二三事

蹦蹦跳跳
相較於其他鳥類，只有樹麻雀在陸地上移動時是用跳的。

戰戰兢兢
樹麻雀找食時總是非常機警，如看見撒有食物的地方，會先向四周巡視，或已有幾隻進入食物範圍，才會有更多飛過去。

誰是老大？
有研究指出喉部黑色區域越飽滿越大的麻雀，在羣體中的地位越高！

寄生蟲走走走
樹麻雀會在沙地上進行熱沙浴，作用是除去身上的寄生蟲。

小記
樹麻雀可謂香港的標誌性鳥類，是作者最喜歡的動物呢！

Sparrow on The Peak, 2023

盧文氏樹蛙

lou4 man4 si6 syu6 waa1

體型：
體長約 1.5 至 2.5 厘米。

特徵：
體積極小，雌性比雄性稍大。腹部為白色，背部則呈棕色交叉斑紋，有助於保護牠們。身體佈滿小痣粒，兩眼中間有一道黑帶紋，並有明顯的鼓膜和尖吻。

習性：
夜行性，白天會躲藏在樹叢或枯葉下休息。

棲息地點：
棲息於樹叢、枯葉下和山洞中。只分佈於香港。

主食：
主要以白蟻或其他小昆蟲為食。

種羣現狀：
整體數量至今仍難以估計。2004 年被世界自然保護聯盟 (IUCN) 列入瀕危。在香港受《野生動物保護條例》第 170 章保護。

香港出沒位置：
只發現於大嶼山及蒲台島、南丫島等地。

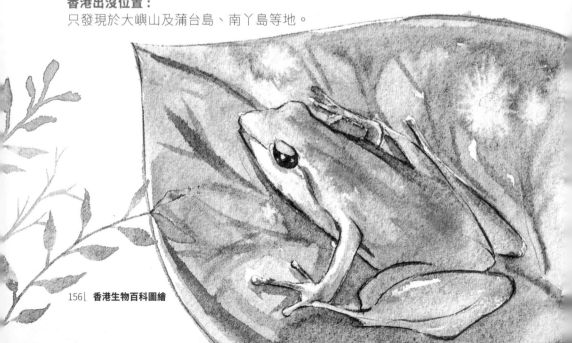

兩棲綱 無尾目 樹蛙科
Romer's Tree Frog
學名：Liuixalus romeri

又稱盧氏小樹蛙、羅默劉樹蛙或羅默氏
小樹蛙。

關於盧文小樹蛙的二三事

自然隱身術
其保護色可以完美地融入自然環境中，讓牠
們很難被敵人發現。

滴滴聲中的愛情
每年三月至九月，盧文小樹蛙的春天正式開
始。求偶叫聲像蟋蟀的「滴滴滴」一樣，在繁
殖季節裡，雄性會用這種聲音吸引體型較大的
雌性。

滴滴滴

小青蛙
盧文小樹蛙是世界上最小的青蛙之一。

鴛 鴦

jyun1　joeng1

體型：
體長 41 至 49 厘米，體重在 430 至 590 克之間。

特徵：
雄性鴛鴦顏色艷麗。雌性則外表呈暗灰色，有鮮明的白色貫眼紋和灰色喙。

習性：
常在山區水塘和溪流附近活動，休息時在水邊聚集。在繁殖期、遷徙季節和冬季成羣活動，數量多達五十隻或更多。善於游泳、潛水。

棲息地點：
喜歡棲息在水邊、溪流和湖泊等地。在白天，牠們會在水中央漂浮，夜晚則在樹林活動，清晨和黃昏時會在水田和沼澤地活動。主要分佈於亞洲東部，原產地為日本。

主食：
雜食性動物，主要以植物性食物為主，如各種堅果等，也會進食動物性食物，如螞蟻、蝸牛、蜘蛛等。

香港出沒位置：
石門的城門河、米埔自然護理區。

鳥綱 雁形目 鴨科
Mandarin duck
學名：Aix galericulata

本名鸂鶒，又稱中國官鴨、五彩鴛鴦、匹鳥等。其中鴛指雄鳥，鴦指雌鳥。

關於鴛鴦的二三事

空中監察員

鴛鴦是一種機警的動物！返回棲所前，常常會有一對鴛鴦在上空盤旋，確認周圍沒有危險後，才會召集其他鴛鴦落下來休息。

紫鴛鴦

在古代，人們稱其為「紫鴛鴦」，因為身體多呈紫色，李白的詩作中也多次提及，如「七十紫鴛鴦，雙雙戲庭幽」。

永恆愛情的象徵
喜愛成雙成對結伴而行的鴛鴦，在中國文化中被視為愛情的象徵。

游泳中的鴛鴦

龜殼花蛇

gwai1 hok3 faa1 se4

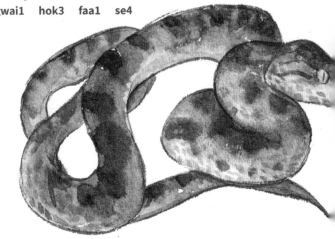

體型：
體長約 100 厘米。

特徵：
龜殼花蛇是一種棕褐色的蛇，背部有深褐色波浪斑塊和暗褐色斑紋。頭部呈三角形，頭長約為頭寬的 1.5 倍，有頰窩，尾巴長度約為身體全長的六分之一。

習性：
夜行性的卵生蛇類，常在夜間覓食及攀爬樹木，有時也會闖入人類住宅。

棲息地點：
棲息在 500 米以上的山區灌木林、溪邊及陰濕的住宅附近。分佈於中國西南和中南部地區、印度、緬甸和越南。

主食：
主要食物包括鳥類、蜥蜴、鼠類，有時候也會吃魚類和其他蛇類。

種羣現狀：
近年數量顯著減少，越趨罕見。

香港出沒位置：
主要分佈在海拔 900 米以上的地方。

爬行綱 有鱗目 蝮科
Brown-spotted pit viper
學名：Protobothrops mucrosquamatus

俗名烙鐵頭、老鼠蛇和惡烏子等，是台灣六大毒蛇之一。

關於龜殼花蛇的二三事

一滴毒液就能致命

龜殼花蛇是管牙類毒蛇，毒性相當強，僅僅48毫克就能致命！牠們的毒液是血循毒型，能造成嚴重的中毒反應。

龜殼花蛇與人相處

龜殼花蛇不會輕易攻擊人類，因為牠們的毒液寶貴且製造不易，人類亦不在牠們的食物清單上。

花族的神聖蛇

在台灣，龜殼花蛇是少數民族派花族極為崇敬的蛇種。他們會將蛇的花紋刻在刀鞘和食具上，甚至在家中為牠打造一個小房間，並且將房間內外的裝飾和用具都雕以蛇紋，以示對龜殼花蛇的敬畏。

戴勝

daai3　sing3

體型：
體長約 24.5 至 31.2 厘米，體重在 53 至 90 克之間。

特徵：
戴勝的羽冠顏色稍深，各羽端帶有黑色，後方的羽毛上有白斑。胸部是淡葡萄酒色，背部和肩部的羽毛呈黑褐色，並夾雜著棕白色的羽端和羽緣。

習性：
單獨或成對活動。通常在地面上慢慢行走，一邊走一邊覓食。當靜息或在地面上覓食時，羽冠會展開，狀如一把扇子。性情相對溫馴，亦不太害怕人類。

棲息地點：
棲息在山地、平原、林緣、河谷和農田等。冬季時主要在低海拔地區活動；在夏季，則會到高海拔地區。廣泛分佈於中國、歐洲、亞洲和北非地區。

主食：
喜歡吃各種昆蟲和幼蟲，包括螻蛄、石蠅、蛾類和蝶類幼蟲及成蟲，還有其他小型無脊椎動物。

種羣現狀：
該物種分佈範圍廣，不接近物種生存的脆弱瀕危臨界值標準。

香港出沒位置：
不算罕見，曾在銅鑼灣和海洋公園等地方被發現。

鳥綱 犀鳥目 戴勝科
Eurasian hoopoe
學名：Upupa epops

又名墓壙鳥、𪃟、鵖、鵖鴔、鵖鴔。
候鳥。

關於戴勝的二三事

波浪翅舞

當戴勝受到驚嚇時，會迅速將羽冠緊縮到頭上，並飛上樹枝或飛一段距離後落地。

與戴勝打招呼

戴勝的叫聲像「撲一撲一撲」，聽起來低沉而有力。在陸上行走時也會不斷點頭，好像在跟人打招呼一樣。

嘴巴探秘

在林緣草地和農耕地尋找食物時，戴勝會把長長的嘴巴插入土壤中取食。

蟒 蛇

mong5 se4

體型：
體長約 3 至 5 米，體重可達 120 公斤。

特徵：
頭頸部背面有一個暗棕色的茅形斑紋，身體呈棕褐色，背部和兩側都有大塊的鑲黑邊的雲豹狀斑紋。

習性：
夜行性和雜食性。喜歡攀爬、游泳和睡覺。冬季羣居冬眠；春秋季節，多在日出後活動；氣溫較高時，傾向在夜間活動；雨天時活動減少，大風時則會躲進洞中。

棲息地點：
棲息在熱帶、亞熱帶低山叢林中。分佈於中國、印度、柬埔寨、老撾等亞洲國家。

主食：
主要獵食山羊、鹿、麂、豬等，亦常食鼠類、鳥類、爬行類及兩棲類。

種羣現狀：
東南亞地區的蟒蛇數量正在持續下降，其中有兩個地區的數量下降了超過 80%。被列為極度瀕危物種。

香港出沒位置：
分佈廣泛但數目不多，曾在荃灣山區等地方被發現。

爬行綱 有鱗目 蟒科
Burmese python
學名：Python bivittatus

被稱為緬甸蟒、緬甸岩蟒或蟒，是世界上最巨型的蛇類之一。

關於蟒蛇的二三事

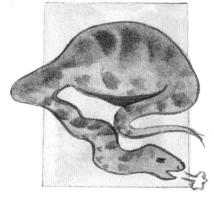

食量驚人

蟒蛇會靠近獵物，咬住並將其緊纏致死，把獵物壓扁成長條形後，分泌唾液來潤滑食物再吞下。牠們可以吃掉 15 公斤重的動物，其消化力十分高，吃飽後可數月不進食。

蟒蛇的生活溫度

蟒蛇對溫度敏感，30℃以上的氣溫使牠們更活躍，當氣溫低至 15℃以下，牠們會變得麻木。

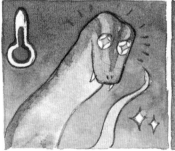

蟒蛇界的「白寶石」

蟒蛇品種中帶有白化基因而變成全身白色的蟒蛇，是非常稀有的！

藍翅希鶥

laam4 ci3 hei1 mei4

體型：
體長約 13.4 至 16.5 厘米，體重在 15 至 28
克之間。

特徵：
藍翅希鶥外觀大致呈灰色，頭部和翼上
帶有藍色斑紋，眉紋淺色，帶有一條
黑線，尾巴很長。

習性：
藍翅希鶥活潑好動，常常成對或以小羣活
動。喜歡在喬木或矮樹上的枝葉間、灌木叢
和竹叢中活動和覓食。

棲息地點：
有些棲息在高山上被疏落的灌木叢中，有
些則在濕潤的山林中。分佈於不丹、老撾、
中國、越南、印度、泰國、緬甸、馬來西
亞、尼泊爾和柬埔寨。

主食：
主要食物為白臘蟲、甲蟲等昆蟲和昆蟲
幼蟲，偶爾也會吃植物果實與種子。

種羣現狀：
分佈廣泛，但全球種羣規模還未被實確量化。由於人類持續地開發和破壞棲息
地，種羣數量正不斷地下降。

香港出沒位置：
不常見，但曾於香港中文大學出現過。

鳥綱 雀形目 噪鶥科
Blue-winged minla
學名：Actinodura cyanouroptera

俗名灰短腳鵯海南亞種，是中國的特有物種。候鳥。

關於藍翅希鶥的二三事

樹上飛舞的音樂家

藍翅希鶥喜歡在樹上一邊玩耍一邊鳴叫，在樹枝間來回飛舞或蹦蹦跳跳。鳴叫聲為清脆悅耳的雙聲哨音，時而高亢時而低沉，就像唱歌一樣。

交個朋友吧！

藍翅希鶥會成對活動，有時也會和相思鳥、鶥成為夥伴，是很多朋友的鳥類呢。

藍喉太陽鳥

laam4　hau4　taai3　joeng4　niu5

體型：
體長約 9 至 16 厘米，體重在 4 至 12 克之間。

特徵：
藍喉太陽鳥頭和喉部呈藍色，眼周、頰部、背部和翅膀上的羽毛則是暗紅色。尾巴基部的約三分之二為紫藍色。

習性：
喜歡在盛開花朵的樹冠層或寄生植物花叢中活動，很少接近地面覓食，有時也會去四季豆農作物叢中覓食。獨自或成對活動，偶爾也會見到三至五隻成羣活動。性格活潑，卻又很怕人。

棲息地點：
主要棲息於海拔 1000 至 3500 米的常綠闊葉林、溝谷林、季雨林和常綠、落葉混交林中，也會在稀樹草坡、果園、農地、河邊和公路邊的樹上出現。分佈於中國、印度、孟加拉國、緬甸、越南、老撾。

主食：
主要以花蜜為食，不過也會吃昆蟲等動物性食物。

種羣現狀：
藍喉太陽鳥的全球種羣數量尚未確定，但根據描述，在許多地區都很常見。

香港出沒位置：
常見，出現於大埔滘、香港松仔園、大埔滘自然護理區、柴灣公園等地方。

鳥綱 雀形目 太陽鳥科
Mrs. Gould's sunbird
學名：Aethopyga gouldiae

俗名桐花鳳。留鳥。

關於藍喉太陽鳥的二三事

和平共處的秘訣

藍喉太陽鳥在覓食時，彼此會保持距離，除了使各自享有更多花蜜外，也能避免爭鬥與衝突。

短暫飛行秀

藍喉太陽鳥通常不會長時間飛行，只會在森林間短暫飛行，或者從一棵樹飛至另一棵樹就停息。

休息中…

鼬獾

jau6　fun1

體型：
體長 35 至 40 厘米，尾長約 14 至 20 厘米，
體重在 1 至 1.75 公斤之間。

特徵：
有發達的鼻子和嘴巴，耳朵短直，眼睛小。頭頂後到脊
背上有一條乳白色的縱紋。

習性：
夜行性動物，白天時會在洞穴裡或周圍的草木叢中休息，清晨返回洞穴，通常成
對活動。季節性變化很大，在春、冬季會在陽坡林緣和灌叢間活動，而夏、秋季
則轉移至陰坡林內和河谷灌叢間活動。喜歡在乾涸的水溝或小溪邊尋找食物。

棲息地點：
棲於河谷、溝谷、丘陵及山地森林的灌叢和草叢中。分佈於中國、印度、老撾、
緬甸、越南。

主食：
於不同季節，其飲食習慣也會有所不同，在春季時主要吃昆蟲和根莖，夏季會改
為吃昆蟲和蛙類為主，秋季偏愛捕食小型動物和野果，而冬季則以無脊椎動物為
主。

種羣現狀：
在其主要的棲息地相對上分佈較多。據 2003 年對中國東南部的調查顯示，在一
個 16 平方公里的區域內，有 40 隻鼬獾被捕獲。

香港出沒位置：
分佈雖然廣泛，但數目較少，主要出現在郊區，並不常見。

哺乳綱 食肉目 鼬科
Chinese ferret-badger
學名：Melogale moschata

俗名為撥田豬、小豚貓、田螺狗、鰗鰍貓，台語稱其為「臭羶貓」。

關於鼬獾的二三事

挖掘能手

鼬獾喜歡在覓食時用其腳爪和鼻吻扒挖食物，並留下半月形的翻掘痕跡。

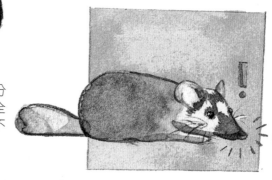

鼻子先行

看似靈敏的鼬獾實際上行動十分緩慢，走路時幾乎會將肚子完全磨在地面上，以鼻子靠近地面不停搜索的方式前進。

便便看門者

鼬獾喜歡住在石洞和石縫裡。洞穴通常只有一個入口，多數位於山勢較陡或者草木叢生的地方。

洞穴的內裡會有非常濃烈的氣味，而且洞口兩側會有黑色長條狀的糞便。

鵲鴝

zeok3　keoi4

體型：
成鳥全長 18 至 23 厘米，體重在 32 至 50 克之間。

特徵：
鵲鴝的外觀為黑白相間，上半部為黑色，雙翼有白斑。

習性：
性格活潑、大膽好鬥，在繁殖期經常爭鬥。喜歡單獨或成對活動，會張開翅膀和翹起尾巴休息。清晨時常在樹梢高聲鳴叫，在繁殖期，雄鳥的鳴叫更加激昂多變。

棲息地點：
棲息地通常為低山、丘陵、山腳平原地帶的叢林等。也會棲身於人類區域的樹林和竹林。分佈於印度、巴基斯坦、斯里蘭卡等南亞和東南亞地區。

主食：
主要以吃昆蟲為主，包括蠅、蜂、蛹等昆蟲和幼蟲，還有小型無脊椎動物如蜘蛛、小螺、蜈蚣等，偶爾也吃小蛙等小型脊椎動物以及植物類。

種羣現狀：
該物種分佈範圍廣，不接近物種生存的脆弱瀕危臨界值標準。

香港出沒位置：
郊區及市區中常見。

鳥綱 雀形目 鶲科
Oriental magpie-robin
學名：Copsychus saularis

又名豬屎渣、吱渣、信鳥或四喜兒。
孟加拉的國鳥。留鳥。

關於鵲鴝的二三事

一兼多職

鵲鴝愛吃農林業的害蟲，能成為某些植物的守護者。另外牠們性格善鳴、好鬥，又易於飼養，常被人作為籠養觀賞鳥。

獨特行走方式

時常豎起尾巴，把尾翼扭向前方，以彈跳的方式前進。

渣！

豬屎渣

如果鵲鴝受到其他雄性鳥類的干擾或出現在其領域內，牠們會拉長嗓子發出響亮而低沉的「喳」聲來警告對手，亦因此被稱為「豬屎渣」。

鐮魚

lim4 jyu4

體型:
體長可達 26 厘米。

特徵:
鐮魚身體短而高,上下顎的牙齒細長,呈刷毛狀,唇部厚實,眼睛周圍有一對銳利的角。身體顏色黃白相間。其管狀的吻部很適合在小礁穴中搜尋無脊椎動物。

習性:
常聚集在一起,有時形成大羣。當遇到敵人或受驚時,會躲進礁盤的洞穴或縫隙中,在晚上則會變暗以融入周圍的環境。

棲息地點:
生活環境非常多樣,從混濁的港口和珊瑚礁平台,到深達百米的乾淨珊瑚礁緣深溝都會出沒。分佈範圍包括東非、波斯灣、杜西島、夏威夷等地。

主食:
主要在礁石上覓食,目標包括海綿和海藻等有機物。

香港出沒位置:
沒有固定的出沒位置,主要位於香港的淺水海域。

輻鰭魚綱 刺尾鯛 目鐮魚科
Moorish idol
學名：Zanclus cornutus

又名角鐮魚、角蝶魚，神仙，神像。屬於暖水性魚類。因其色彩明艷、姿態優美以及高高豎立的背鰭而聞名。

關於鐮魚的二三事

摩爾人的偶像

鐮魚的英文名稱「Moorish Idol」源自於東方人對牠的尊敬，意思是摩爾人的戰神。相傳捕獲到這種魚時，必須要向牠鞠躬，表達對牠的敬意後再將牠放回大海。

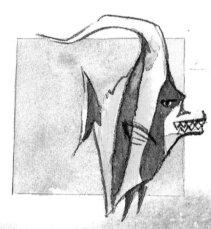

藏在文靜外表下的牙齒

雖然鐮魚看起來文靜優雅，但其實牠們口中有一排極其鋒利的牙齒，可以輕易地咬破各種珊瑚，然後撕下一小塊來吃。

鐮魚不宜亂吃藥

鐮魚對藥物和寄生蟲疾病很敏感！在治療寄生蟲時最好使用無藥物的方法，以避免傷害鐮魚。

變色樹蜥

bin3　sik1　syu6　sik1

體型：
體長約 10 至 12 厘米，尾長約 30 至 36 厘米。

特徵：
身體粗糙，背部有雞冠狀突起，頭部大而視力佳，背部鱗片以瓦狀排列，四肢發達並帶爪。背部淺棕色帶斑塊，雙眼周圍有放射狀黑紋，體色會隨環境而轉變。

習性：
擅長攀爬樹木，會爬樹跳枝來捕獵，危險時可以從高處跳下逃脫。冬眠時藏身於地下洞穴。夏天晚上，常倒懸在樹枝上睡覺，有時會躲在洞穴中休息。

棲息地點：
生活在熱帶和亞熱帶地區，常見於林下、山坡草叢、墳地、河邊、路旁，甚至是住宅附近的草叢或樹幹上。分佈於印度、中南半島、阿富汗等地，後來被引入到阿曼、肯尼亞、新加坡和美國。

主食：
主食包括各色各樣的昆蟲，例如蝗蟲、螞蟻、蠅、蜻蜓等等，也曾被發現吃雛鳥。

香港出沒位置：
十分常見，經常出現在市區公園。

爬行綱 有鱗目 飛蜥科
Oriental garden lizard
學名：Calotes versicolor

俗名馬鬃蛇、雞冠蛇、雷公蛇。
學名「versicolor」意為「變色的」。

關於變色樹蜥的二三事

小牙大口

變色樹蜥通常會使用靜候或以搜尋的方式來捕
食。由於牠們牙齒細小，咀嚼力差，故會把整
個獵物吞下去！

騙敵計

變色樹蜥會自斷尾巴來分散掠食者的注意！
斷掉的尾巴還能扭動，讓它看起來像是活
物。

雷公蛇傳說

據傳牠會咬人不放，只有在打雷時才會鬆口，
故被稱為「雷公蛇」。實際上，變色樹蜥只會
為了自衛而咬人，而且不會長時間把人咬住。

食蟹獼猴

sik6　haai5　nei4　hau4

體型：
體長約 40 至 47 厘米，尾長約 50 至 60
厘米，體重在 3000 至 7000 克之間。

特徵：
食蟹獼猴有黃、灰、褐三種毛色，腹毛
和四肢內側毛色淺白。眼圍裸露，眼眶
呈環狀，耳朵直立。能儲存食物於頰囊
中。視覺靈敏但嗅覺退化。

習性：
羣居動物，由猴王帶領，喜歡攀藤上樹和探索岩洞。繁殖和缺食季節時，會聚集
成更大的羣體。能直立行走，發出咯咯聲像咳嗽。

棲息地點：
棲息在熱帶雨林、原始森林、次生林以及臨近河流的椰林和沿海的紅樹林等，也
會出現在灌叢草原、淡水沼澤、低地原始森林和橡膠園中。分佈在亞洲東南部，
包括香港、寮國、菲律賓、馬來西亞等地。

主食：
主食為螃蟹，也會吃水果、樹葉、小動物和鳥類等。此外，亦十分喜歡喝水。

種羣現狀：
該生物的分佈範圍廣泛，且未接近瀕危標準。

香港出沒位置：
出現於金山郊野公園和獅子山郊野公園一帶。

哺乳綱 靈長目 猴科
Crab-eating macaque
學名：Macaca fascicularis

也稱長尾獼猴。

關於食蟹獼猴的二三事

猴羣的警衛
當猴羣集體行動時，牠們會有一位「哨兵」猴子在高處放哨，一旦發現任何異常情況，哨兵會發出警報。

探索新口味
因生存環境惡化，有些食蟹獼猴開始學習捕食魚類！

猴子的情緒世界
猴子不僅能學習人類的動作，還能表達出各種情緒，包括喜怒哀樂。情緒失控時，牠們會掉石頭！

獼猴
nei4　hau4

體型：
體長約 47 至 64 厘米，體重在 5400 至 7700 克之間。

特徵：
顏面瘦削，眼窩深，有頰囊。毛色以灰黃色為主。面部裸露無毛，視覺發達，嗅覺退化。平均壽命為 25 年。

習性：
羣體活動，每羣有數十隻或上百隻猴子，由一隻猴王帶領。繁殖和缺食季節時，會聚集成更大的羣體。擅長攀爬藤蔓和樹木。

棲息地點：
棲息於熱帶、亞熱帶和暖温帶的闊葉林，喜歡懸崖峭壁又夾雜溪河溝谷、攀藤綠樹的區域。分佈於阿富汗、巴基斯坦、印度、日本千葉縣房總半島和中國南方。

主食：
主要以樹葉、野果、嫩枝和野菜為食，也會吃小鳥、鳥蛋、動物和各種昆蟲。

種羣現狀：
該生物的分佈範圍廣泛，且未接近瀕危標準。

香港出沒位置：
出現於金山郊野公園和獅子山郊野公園一帶。

哺乳綱 靈長目 猴科
Rhesus macaque
學名：Macaca mulatta

也稱恆河猴，是猴科動物中最為有名的。

關於獼猴的二三事

猴羣足跡

獼猴經常在採食時將未熟的果實拋掉，經過的地方往往會留下斷枝及果皮等痕跡。

猴羣中的王者

猴羣裡的猴王都是經過激烈的競爭而誕生的！猴王的尾巴通常翹得很高，以顯示其尊貴身份，其他猴子則不敢輕易翹尾巴。

絕對權力

在猴羣中，其他猴子必須聽從猴王的指揮。猴王總是率先享用美食，亦享有一夫多妻的特權，幾乎所有成年母猴都是牠的「王妃」。

後記

　　希望《香港生物百科圖繪》除了為大家帶來美麗的圖畫外，還可以令大家更了解這些和我們生活在同一個城市的動物，原來香港這個小小的地方也有這麼多可愛的野生物種，牠們有著不同的習性、性格、行為等，皆是我很想跟讀者們分享的。不少珍貴的物種已開始在香港大量減少，如大頭龜、穿山甲等等，希望這次的書本可以使大家了解更多牠們的情況，減少捕獵、過度破壞野生環境等影響棲息地的活動。上世紀以前的舊香港還有赤狐、華南虎等物種，惜已成絕響。我們可以做的就是盡力保護這些到現今仍留下來的物種。

　　當我第一次決定要做這個繪本的時候，其實是十分興奮的！一直很想做一些跟香港有關的元素，大學畢業作品亦是以香港十八區和舊信箱為題，作為人生第一本出版的書，還可以連結自己喜歡的動

物題材作為書本主題，沒有比這個題材更完美的提案了。這次用了水彩的形式記錄了對香港生物的最直接感受，也在作畫時情不自禁地因直覺而決定了某些用色，希望透過成品可以訴說我心中牠們的故事。

在製作《香港生物百科圖繪》的過程中，前往寫生或外出時遇到繪畫過的物種亦是十分難忘的，在南生圍看到在木板上站著的鳥、很多在水邊洗澡的鴨子、從空中插入水中捕魚的猛禽、喜歡站在同一棵樹的鷺、一次在山路中看到的大型貓頭鷹等等經歷，亦因更加了解牠們而變得更有趣。

在完成稿件後的翌日，離開住宅時有一隻紅耳鵯突然降落在我面前，想起了關於紅耳鵯的漫畫——令人感到幸福的存在。的確是呢，可以完成第一本個人繪本這個夢想，真的幾開心！

希望你們也喜歡這次的繪本吧！

enlighten 亮光
&fish

書　　　名：香港生物　百科圖繪
繪　　　著：CHAMO 梁煒鈞
撰　　　文：陳廷杰
書　　　法：words_in_cloud

出　版　社：亮光文化有限公司
　　　　　　Enlighten & Fish Ltd
社　　　長：林慶儀
編　　　輯：亮光文化編輯部
設　　　計：亮光文化設計部
地　　　址：新界火炭坳背灣街61-63號
　　　　　　盈力工業中心5樓10室
電　　　話：（852）3621 0077
傳　　　真：（852）3621 0277
電　　　郵：info@enlightenfish.com.hk
亮　創　店：www.signer.com.hk
面　　　書：www.facebook.com/enlightenfish

2023年7月初版

ＩＳＢＮ　　978-988-8820-53-5
定　　　價：港幣128元

亮創店